煤炭中等职业学校一体化课程改革教材

机 械 基 础
（含 工 作 页）

张秀娟 主编

煤炭工业出版社

·北 京·

图书在版编目（CIP）数据

机械基础：含工作页/张秀娟主编 . --北京：煤炭
工业出版社，2019

煤炭中等职业学校一体化课程改革教材

ISBN 978 - 7 - 5020 - 7207 - 0

Ⅰ.①机… Ⅱ.①张… Ⅲ.①机械学—中等专业
学校—教材 Ⅳ.①TH11

中国版本图书馆 CIP 数据核字(2019)第 009939 号

机械基础(含工作页)

(煤炭中等职业学校一体化课程改革教材)

主 编	张秀娟	
责任编辑	罗秀全	
责任校对	邢蕾严	
封面设计	罗针盘	

出版发行 煤炭工业出版社（北京市朝阳区芍药居 35 号 100029）
电 话 010 - 84657898（总编室） 010 - 84657880（读者服务部）
网 址 www. cciph. com. cn
印 刷 北京玥实印刷有限公司
经 销 全国新华书店

开 本 787mm×1092mm$\frac{1}{16}$ 印张 $10\frac{3}{4}$ 字数 249 千字
版 次 2019 年 3 月第 1 版 2019 年 3 月第 1 次印刷
社内编号 20191828 定价 35.00 元

前　　言

　　随着我国供给侧结构性改革的推进和煤炭行业去产能、调结构及资源整合步伐的加快，我国煤矿正向工业化、信息化和智能化方向发展。在这一迅速发展的进程中，我国煤矿生产技术正在发生急剧变化，加强人才引进和从业人员技术培训，打造适应新形势的技能人才队伍，是煤炭行业和各个煤矿的迫切需要。

　　中职院校是系统培养技能人才的重要基地。多年来，煤炭中职院校始终紧紧围绕煤炭行业发展和劳动者就业，以满足经济社会发展和企业对技术工人的需求为办学宗旨，形成了鲜明的办学特色，为煤炭行业培养了大批生产一线高技能人才。为遵循技能人才成长规律，切实提高培养质量，进一步发挥中职院校在技能人才培养中的基础作用，从 2009 年开始，人社部在全国部分中职院校启动了一体化课程教学改革试点工作，推进以职业活动为导向、以校企合作为基础、以综合职业能力教育培养为核心，理论教学与技能操作融会贯通的一体化课程教学改革。在这一背景下，为满足煤炭行业技能人才需要，打造高素质、高技术水平的技能人才队伍，提高煤炭中职院校教学水平，山西焦煤技师学院组织一百余位煤炭工程技术人员、煤炭生产一线优秀技术骨干和学校骨干教师，历时近五年编写了这套供煤炭中等职业学校和煤炭企业参考使用的《煤炭中等职业学校一体化课程改革教材》。

　　这套教材主要包括山西焦煤技师学院机电、采矿和煤化三个重点建设专业的核心课程教材，涵盖了该专业的最新改革成果。教材突出了一体化教学的特色，实现了理论知识与技能训练的有机结合。希望教材的出版能够推动中等职业院校的一体化课程改革，为中等职业学校专业建设工作作出贡献。

　　《机械基础（含工作页）》是这套教材中的一种，根据人力资源和社会保障部最新颁布的机械基础教学大纲和当前机械技术发展状况编写，主要介绍机械常识和基本的机械机构，内容包括机械基础知识基本训练、机械传动的运行和维护、常用机构的运行和维护、轴系零件的安装和维护等。

　　本书采用模块构建内容体系，并根据职业教育的特点，突出重点内容，注

1

重培养学生动手解决实际问题的能力。本书编写立足于以学生为主体的教学理念，改变了传统的教材编写模式，运用了大量的图片及实例，形式活泼生动，方便学生更透彻地理解相关知识。

　　本书可作为中职、高职高专学校机械类专业的基础课教材，也可作为企业职工培训教材和初中以上文化程度人员自学的参考书。

　　由于编者水平及时间有限，书中难免有不当之处，恳请广大读者批评、指正。

煤炭中等职业学校一体化课程改革教材
编审委员会
2018 年 12 月

总　目　录

总 目 录

机 械 基 础

目　　录

绪

  机械是人类进行生产劳动的主要工具，也是生产力发展水平的重要标志。机械的使用减轻了劳动强度，改善了劳动条件，提高了劳动生产率。生产实现机械化和自动化，对国民经济的发展有着重要的影响。

  中职学生是生产的后备军，将来要直接使用各种机械设备。学好《机械基础》这门课程，能使学生掌握各种机械设备的构造原理和运动规律，并初步掌握相关的一些基本技能。

  我们在生产和生活中使用的各种机械，如车床、跑步机、压面机、缝纫机、放映机、台虎钳等，它们的组成结构是怎样的？在组成结构上有共同点吗？机械又可以进行怎样的分类呢？

【看图填表】

图　　例	名　　称	用　　途	结构特点

（续）

图　例	名　称	用　途	结构特点

【讨论分析】

通过填写上表，试结合实际生活，归纳总结：

（1）跑步机和压面机的传动有什么相似之处？

（2）缝纫机和放映机的传动有什么相似之处？

（3）钻床和车床的传动有什么相似之处？

调查研究生活中的传动案例，通过摄影等方式，归类分析，撰写调查报告。

学习任务一　机械基础知识基本训练

【学习目标】

(1) 能通过了解牛头刨床的应用，明确学习任务要求。

(2) 能根据任务要求和实际情况，合理制定工作（学习）计划。

(3) 能正确认识牛头刨床的组成。

(4) 能熟练掌握牛头刨床各组成部分之间的联系。

(5) 能正确理解常用牛头刨床的应用。

(6) 能识别工作环境的安全标志。

(7) 能严格遵守安全规章制度，规范穿戴工装和劳动防护用品。

(8) 能主动获取有效信息、展示工作成果，对学习与工作进行总结反思。

(9) 能与他人合作，进行有效沟通。

【建议课时】

6 课时。

【设备】

牛头刨床。

【学习任务描述】

学生在了解了牛头刨床的构造、原理及性能的基础上，动手操作牛头刨床，并进行日常保养以及常见故障检修。要求了解车间的环境要素、设备管理要求以及安全操作规程，养成正确穿戴工装和劳动防护用品的良好习惯，学会按照现场管理制度清理场地，归置物品，并按环保要求处理废弃物。

【工作流程与活动】

学习活动1　明确工作任务。

学习活动2　工作前的准备。

学习活动3　现场施工。

学习活动1　明确工作任务

【学习目标】

(1) 能通过了解牛头刨床的应用，明确学习任务、课时等要求。

(2) 能准确叙述牛头刨床的组成和各部分之间的联系。

(3) 能准确说出它们的用途。

【建议课时】

2 课时。

一、工作任务

给学生展示牛头刨床的相关图片，通过查阅资料使学生了解牛头刨床的具体应用，引导学生分析它的组成及各组成部分的特点和功能，引出和它有关的机器、机构、零件和构件等概念。

二、相关理论知识

以牛头刨床为例介绍相关概念。

（一）机器和机构

表1-1 牛 头 刨 床

图形类型	图 示
牛头刨床实物图	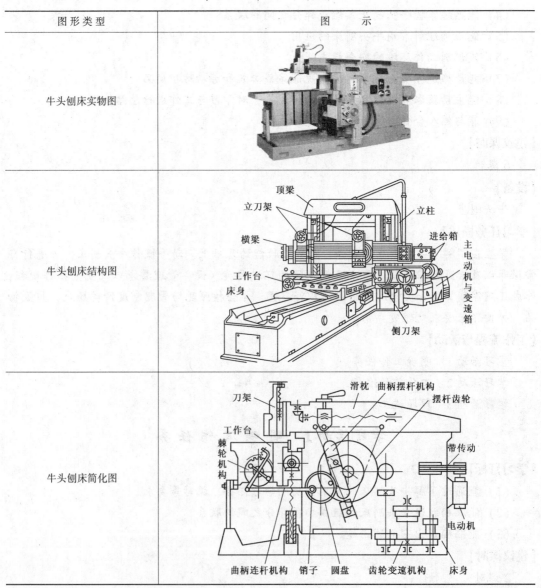
牛头刨床结构图	
牛头刨床简化图	

通过表1-1，可以了解到：在牛头刨床的工作过程中，电动机经带传动和齿轮传动装置实现减速，又通过摆动导杆机构将齿轮的转动转换为滑枕的往复直线移动，从而进行刨削加工。

1. 机器

凡能完成特定任务，实现运动和动力的传递和转换的机械系统称为机器。各种机器尽管有着不同的形式、构造和用途，但都具有下列三个共同特征：

（1）机器是人为实体（零部件）的组合。

（2）机器的各运动实体之间具有确定的相对运动。

（3）机器能实现能量转换，代替或减轻人的劳动，做有用的机械功。

1）机器的组成

一台完整的机器由动力部分、传动部分、执行部分、控制部分和辅助部分组成，其关系如图1-1所示。

图1-1　机器的组成

我们以汽车为例，认识机器的组成，见表1-2。

表1-2　汽车的组成

机器的组成	汽车的组成	图　例	功　能
动力部分	内燃机		机器工作的动力来源
传动部分	离合器		在动力部分和执行部分两者之间传递运动和力
执行部分	车轮		完成机器的预定任务
控制部分	方向盘		实现机器的预定作用

2）机器的类型

根据用途不同，机器可分为动力机器、工作机器和信息机器，见表1-3。

表1-3 机器的类型举例

机器的类型	举 例	图 例	功 能
动力机器	电动机		实现其他形式的能量和机械能之间的转换
工作机器	起重机		做有用的机械功
信息机器	传真机		获取或变换信息

2. 机构

一个具有确定的相对运动的构件系统，称为机构。

机构和机器既有联系又有区别。机器是由一个或几个机构组成的，机构仅具有机器的前两个特征，它被用来传递运动或转换运动形式。若单纯从结构和运动的观点来看，机器和机构并无区别，因此，通常把机器和机构统称为机械。

试分析图1-2中的物体是机构还是机器。

图1-2 机构与机器

（二）构件和零件

1. 零件

零件是机器中不可拆的最小单元体。零件可以分为通用零件（如螺钉、轴承、弹簧等）和专用零件（如内燃机曲轴、活塞等），见表 1-4。

表 1-4　零件的类型

类　型	举　例	图　例
通用零件	螺钉、轴承	
专用零件	内燃机曲轴、活塞	

2. 构件

组成机构的各个相对运动部分称为构件。构件可以是一个零件（如活塞），也可以是多个零件组成的刚性结构。如曲轴和齿轮作为一个整体转动，它们构成一个构件，但在加工时是两个不同的零件。

（1）零件、构件和部件的区别见表 1-5。

表 1-5　零件、构件和部件的区别

名　称	特　点	举　例	图　例	
零件	最小的制造单元	齿轮、螺栓		
构件	独立运动的单元	连杆、曲柄		
部件	最小的装配单元	变速箱、发动机		

（2）零件的连接方式。构件直接接触而又能产生一定相对运动的连接称为运动副，其形式和应用特点见表1-6。

表1-6 运动副的形式和应用特点

形　式		示 意 图	特 点	图 例
低副	转动副		两构件以面接触。承载能力大，便于制造维修，转动效率低，不能传递复杂的运动	
	移动副			
	螺旋副			
高副			两构件以点或线接触。承载能力小，制造和维修较困难，易磨损，使用寿命短，能传递复杂的运动	

（3）机械传动的分类。现代机械设备中应用的主要传动方式有机械传动、液压传动、气压传动和电气传动，如图1-3所示。其中，机械传动是最基本的传动方式，可以分为表1-7中的类型。

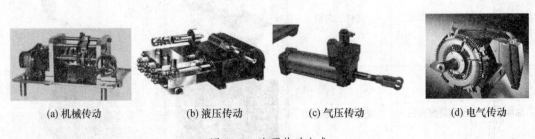

(a) 机械传动　　　　(b) 液压传动　　　　(c) 气压传动　　　　(d) 电气传动

图1-3 主要传动方式

表1-7　机 械 传 动

类　型	特　点	举　例	图　例
摩擦传动	直接接触	摩擦轮传动	
		摩擦式无级变速器	
	有中间挠性件	带传动	
		带式无级变速器	
		绳传动	
啮合传动	直接接触	齿轮传动	
		行星齿轮传动	
		蜗杆传动	
		螺旋传动	
	有中间挠性件	链传动	
		链式无级变速器	
		齿带传动	

表 1-7 (续)

类 型	特 点	举 例	图 例
推压传动	直接接触	凸轮机构	
		棘轮机构	
		槽轮机构	
	有中间挠性件	连杆机构	

（三）机械、机器、机构、构件、零件之间的关系

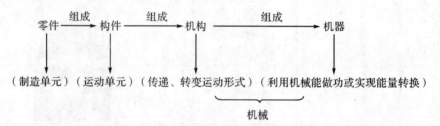

零件 —组成→ 构件 —组成→ 机构 —组成→ 机器

（制造单元）（运动单元）（传递、转变运动形式）（利用机械能做功或实现能量转换）

机械

学习活动2 工作前的准备

【学习目标】

（1）能认真听讲解，做好笔记。

（2）能通过阅读牛头刨床的操作规范，掌握它的工作过程。

（3）掌握牛头刨床的操作步骤与注意事项。

（4）能牢记安全注意事项，认识安全警示标志。

（5）能按要求穿戴好劳动保护用品。

（6）做好操作前的准备工作。

【建议课时】

2 课时。

学习活动3 现 场 施 工

【学习目标】

（1）能熟练掌握本活动安全知识，并能按照安全要求进行操作。

（2）能正确操作牛头刨床，通过这项操作使学生对机器的组成和装配，机构及其形式，主要零部件的组成、形状和功用有初步认识。

（3）通过操作机器，锻炼动手能力和独立分析问题、解决问题的能力，培养团队合作精神。

【建议课时】

2 课时。

一、具体操作

（1）操作实验以小组为单位进行。每个小组按要求操作一台牛头刨床，并在规定时间内分析出其工作原理和操作要领。要正确使用工具，注意安全。

（2）仔细观察图 1－4 中各部分的内部结构，弄清活塞、连杆、曲轴的结构组成、连接及运动情况，弄清这些构件的结构和运动，掌握它们（由活塞、连杆和曲轴组成）的运动特点以及两者之间的运动匹配情况。认知曲轴、轴承、飞轮，初步建立机械平衡的概念，加深对尺寸公差及配合概念的理解。

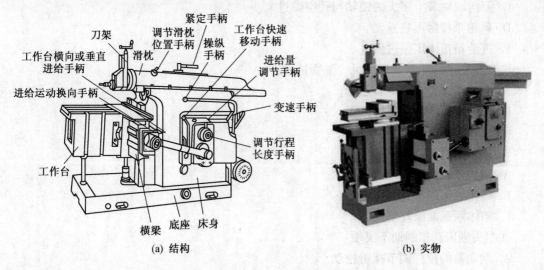

(a) 结构   (b) 实物

图 1－4 牛头刨床的结构和实物

（3）弄清牛头刨床中连杆机构的功能及其运动之间的关系，认识键连接。了解变速箱的变速原理，大体了解获得不同的速度和转向的方法。

（4）在操作过程中理解螺纹连接的功用和方式，认知螺纹连接零件。

（5）用草图表示出曲柄滑块机构的基本结构，标出各构件和零件的名称。

（6）观察并分析牛头刨床的主要结构。

（7）牛头刨床的操作规程。

①认真执行《金属切削机床通用操作规程》有关规定。

②认真执行补充规定。

③工作前认真做到：

A. 进给棘轮罩应安装正确、紧固牢靠，严防进给时松动。

B. 空运转试车前，应先用手盘车使滑枕来回运动，确认情况良好后再机动运转。

④工作中认真做到：

A. 横梁升降时须先松开锁紧螺钉，工作时应将螺钉拧紧。

B. 不准在机床运转中调整滑枕行程。调正滑枕行程时，不准用敲打方法来松开或压紧调整手把。

C. 滑枕行程不得超过规定范围。使用较长行程时不准开高速。

D. 工作台机动进给或用手摇动时，应注意丝杠行程的限度，防止丝杠、螺母脱开或撞击损坏机床。

E. 装卸虎钳时应轻放轻拿，以免碰伤工作台。

⑤工作后，把工作台停在横梁的中间位置上。

（8）牛头刨床的操作注意事项：

①牛头刨床进刀不均匀：

A. 万向联轴节两头锥齿空隙过大。

B. 万向联轴节两头叉子口不在同一平面内。

C. 万向联轴节十字头的销轴与孔空隙过大。

D. 棘轮爪接触不良。

E. 进给箱箱体定位过低。

②牛头刨床分油器调理失灵、油管掉落：

A. 分油器调整螺栓配合过松。

B. 分油器调整锥形螺栓偏斜。

C. 油管捆得不牢。

③牛头刨床漏油：

A. 箱体联系面紧固螺栓未拧紧。

B. 箱体联系面密封垫有脏物。

C. 箱体联系面涂胶不均匀。

④牛头刨床刹车制动不灵敏：

A. 制动器的拉杆调节螺母松动。

B. 制动器拉杆方位调得不适当。

二、操作要求

（1）简要阐述牛头刨床的功能、工作原理和组成。

（2）简要叙述各组成部分的主要结构和相互间的运动配合情况。

（3）从工作原理、机构组成和运动过程等方面说明牛头刨床核心机构的特点。

学习任务二　机械传动的运行和维护

【学习目标】

(1) 能通过了解常用机械传动的应用，明确学习任务要求。

(2) 能根据任务要求和实际情况，合理制定工作（学习）计划。

(3) 能正确认识常用机械传动的组成。

(4) 能熟练掌握常用机械传动各组成部分之间的联系。

(5) 能正确理解常用机械传动的应用。

(6) 能识别工作环境的安全标志。

(7) 能严格遵守安全规章制度，规范穿戴工装和劳动防护用品。

(8) 能主动获取有效信息、展示工作成果，对学习与工作进行总结反思。

(9) 能与他人合作，进行有效沟通。

【建议课时】

32 课时。

【学习任务描述】

学生在了解了常用机械传动的构造、原理及性能的基础上，熟悉常用机械传动的日常保养以及常见故障检修。要求了解车间的环境要素、设备管理要求以及安全操作规程，养成正确穿戴工装和劳动防护用品的良好习惯，学会按照现场管理制度清理场地，归置物品，并按环保要求处理废弃物。

子任务 1　带传动的分析

【学习目标】

(1) 能通过阅读机构维护（保养）记录单和现场勘查，明确学习任务要求。

(2) 能根据任务要求和实际情况，合理制定工作（学习）计划。

(3) 能正确认识带传动的结构和功能。

(4) 能熟练掌握带传动的操作。

(5) 能正确操作带的拆装。

(6) 能识别工作环境的安全标志。

(7) 能严格遵守安全规章制度，规范穿戴工装和劳动防护用品。

(8) 能主动获取有效信息、展示工作成果，对学习与工作进行总结反思。

(9) 能与他人合作，进行有效沟通。

【建议课时】

6 课时。

【工作情景描述】

V带传动在机械实际应用中比较广泛，通过本任务的学习主要是使学生初步具有使用和维护一般机械的能力，熟练掌握V带传动的拆装，培养学生的动手能力和创新意识。

【工作流程与活动】

学习活动1　明确工作任务。

学习活动2　工作前的准备。

学习活动3　现场施工。

学习活动1　明确工作任务

【学习目标】

(1) 能通过阅读设备维护（保养）记录单，明确学习任务、课时等要求。

(2) 能准确记录工作现场的环境条件。

(3) 能准确识别带传动的类型并掌握其功能。

一、工作任务

在操作与维护带传动前，首先对带传动的构造、工作原理、性能参数进行学习。

二、相关理论知识

（一）带传动概述

1. 带传动的组成

带传动是由固连于主动轴上的带轮（主动轮）、固连于从动轴上的带轮（从动轮）和紧套在两轮上的挠性带组成，如图2-1所示。

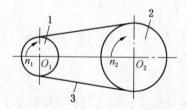

1—带轮（主动轮）；2—带轮（从动轮）；3—挠性带

图2-1　带传动的组成

2. 带传动的工作原理

带传动是以张紧在至少两个轮上的带作为中间挠性带，靠带与带轮接触面之间产生的摩擦力来传递运动和动力的。

3. 带传动的传动比

带传动的传动比就是主动轮转速 n_1 与从动轮转速 n_2 之比。

$$i_{12} = \frac{n_1}{n_2}$$

式中　i_{12}——带传动的传动比;

　　　n_1——主动轮转速, r/min;

　　　n_2——从动轮转速, r/min。

4. 带传动的类型

根据工作原理不同, 带传动分为摩擦型带传动和啮合型带传动, 见表2-1。

表2-1　带传动的类型

类　型		图　例	特　点	应　用
摩擦型带传动	平带		结构简单, 制造方便, 平带质轻, 挠曲性好	(1) 高速、中心距较大、平行轴的交叉传动 (2) 相错轴的半交叉传动
	V带		承载力大, 寿命较长	V带传动
	圆带		结构简单, 制造方便, 耐磨损, 耐腐蚀, 易安装, 寿命长	(1) 包装机 (2) 印刷机 (3) 纺织机
啮合型带传动	同步带		传动平稳, 传动比准确, 传动精度高, 结构较复杂	(1) 数控机床 (2) 纺织机械

摩擦型带传动是依靠传动带与带轮间的摩擦力来传递传动和动力的, 如V带传动、平带传动、圆带传动等; 啮合型带传动是依靠带内侧凸齿与带轮外缘上的齿槽相啮合来传递传动和动力的, 如同步齿形带传动。

我们一般所说的带传动是指摩擦型带传动。

5. 带传动的应用特点

(1) 带传动的优点是:

①适用于中心距较大的传动。

②带具有良好的挠性, 传动平稳, 噪声小, 可缓冲、吸振。

③过载时, 带与带轮间产生打滑, 可防止其他零件损坏。

④结构简单, 制造、安装和维护较方便, 且成本低廉。

(2) 带传动的缺点是:

①传动的外廓尺寸较大。

②需要张紧装置。

③由于带与带轮之间存在滑动, 传动时不能保证准确的传动比, 传动效率较低。

④不宜在高温、易燃和有油和水的场合使用。

通常，带传动用于中小功率电动机与工作机械之间的动力传递，如金属切削机床、输送机械、农业机械、纺织机械、通风机械等。一般传动功率 $P \leqslant 100$ kW，带速 $v = 5 \sim 25$ m/s，平均传动比 $i \leqslant 7$，传动效率 $0.90 \sim 0.97$。

（二）V 带传动

V 带有普通 V 带、窄 V 带、宽 V 带、大楔角 V 带等多种类型，其中普通 V 带应用最广，窄 V 带的使用也日渐广泛。

1. 普通 V 带的结构

如图 2-2 所示，V 带横截面形状为梯形，两个侧面是工作面。标准 V 带有帘布结构和线绳结构两种。两种 V 带都由顶胶、抗拉体、底胶、包布 4 部分组成。帘布结构的 V 带制造方便，抗拉强度较高，但易伸长、发热和脱层。绳芯结构的 V 带挠性好、抗弯强度高，但拉伸强度低，适用于载荷不大、转速较高、带轮直径较小的场合。

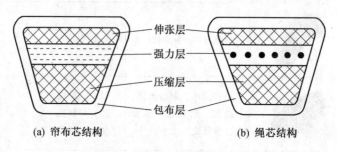

(a) 帘布芯结构　　　　　　(b) 绳芯结构

图 2-2　V 带的结构

2. 普通 V 带的标准

普通 V 带的型号是按截面尺寸来划分的。

（1）楔角 α。带的两侧面所夹的锐角，标准楔角 α 为 40°。

（2）顶宽 b。V 带横截面中梯形轮廓的最大宽度。

（3）节宽 b_p。V 绕在带轮弯曲时，外层受拉伸变长，内层受压缩变短，两层之间存在一长度不变的中性层。中性层面称为节面，节面的宽度称为节宽。

（4）高度 h。梯形轮廓的高度。

普通 V 带按截面尺寸的不同分为 Y、Z、A、B、C、D、E 共 7 种型号，其截面尺寸已标准化。Y 型带截面积最小，E 型带截面积最大，截面尺寸大则传递的功率就大。

3. 普通 V 带的标记

V 带的标记由带的型号、基准长度和标准编号三部分组成。

例如 A1400 GB/T 11544—1997，表示为 A 型普通 V 带，基准长度为 1400 mm，国家标准号为 11544，颁布时间为 1997 年。

4. V 带带轮

V 带带轮由轮缘（用以安装传动带）、轮毂（用以安装在轴上）、轮辐或腹板（用以连接轮缘与轮毂）三部分组成。V 带轮按轮辐结构不同分为四种形式：腹板式、孔板式、实心式和轮辐式带轮，如图 2-3 所示。

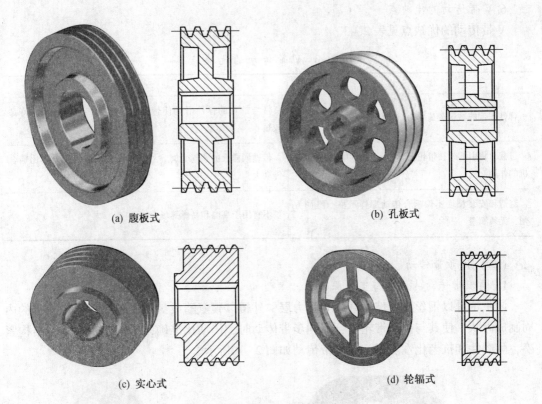

图 2-3 V 带轮的四种形式

5. V 带传动的主要参数

V 带传动的主要参数包括包角、传动比、带的线速度、带轮基准直径、中心距、带的根数等，见表 2-2。

表 2-2 V 带传动的主要参数

参 数	说 明
包角 α	带与带轮接触弧所对的圆心角。包角越大，带与带轮的接触弧越长，带传递功率的能力就越大；反之，带传递功率的能力就越小
传动比 i	通常 V 带传动的传动比 $i \leqslant 7$，常用 2~7
带的线速度 v	带速 v 一般取 5~25 m/s。带速过快或过慢都不利于带的传动能力。带速太低，会引起打滑；带速太高，传动能力降低
带轮基准直径 d	在结构尺寸允许的情况下，带轮直径应尽可能选大些，以利于延长带的使用寿命
中心距 d_{d}	中心距是两带轮传动中心之间的距离。 中心距越小，带的长度也越短，使用寿命就越低。中心距过大会使带过长，增加了运动时带的抖动，一般在 0.7~2 倍的（$d_{\mathrm{d1}} + d_{\mathrm{d2}}$）范围内
带的根数 n	V 带的根数影响到带的传动能力。根数多，传动功率大，为了使各根带受力比较均匀，带的根数不宜过多，通常不超过 10 根

21

6. V带传动的优缺点

V带传动的优缺点见表2-3。

表2-3 V带传动的优缺点

优　　点	缺　　点
弹性体带能减缓载荷冲击，运行平稳无噪声	带与带轮的弹性滑动使传动比不准确，效率较低，寿命较短
过载时将引起带在带轮上打滑，因而可起到保护整机的作用	传递同样大的圆周力时，外廓尺寸和轴上的压力都比啮合传动大
制造和安装精度不像啮合传动那样严格，维护方便，无须润滑	不宜用于高温和易燃等场合

（三）同步带传动

1. 同步带传动的组成与工作原理

同步带是以钢丝绳或玻璃纤维为强力层，外覆以聚氨酯或氯丁橡胶的环形带，带的内周制成齿状，使其与齿形带轮啮合。同步带传动时，传动比准确，对轴作用力小，结构紧凑，耐磨性和抗老化性能好。同步带传动如图2-4所示。

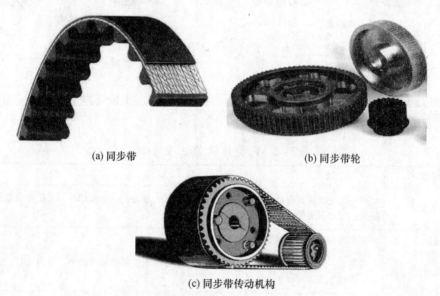

(a) 同步带　　　　　　　　　　(b) 同步带轮

(c) 同步带传动机构

图2-4　同步带传动

同步带传动是由同步带轮和紧套在两轮上的同步带组成。同步带内周有等距的横向齿。它综合了带传动、链传动和齿轮传动的优点。转动时，通过带齿与轮的齿槽相啮合来传递动力。

2. 同步带传动的特点

同步带传动的特点见表2-4。

表2-4　同步带传动的特点

优　点	适　用　范　围	缺　点
带与带轮无相对滑动，能保证准确的传动比	可实现定传动比传动	制造要求高，安装时对中心距要求严格，价格较高
传动平稳，冲击小	适用于精密传动	
传递功率范围大	适用于传动比要求准确的中、小功率传动	
线速度范围大	适用于高速传动	
无须润滑，省油，无污染	适用于很多行业，特别是食品行业	
传动机构简单，维修方便，运转费用低		

3. 同步带的类型

同步带分为单面带（图2-5a）和双面带，双面带又分为对称齿形（图2-5b）和交错齿形（图2-5c）两种。

(a) 单面带　　　　　　　　　　　　　　(b) 对称齿形

(c) 交错齿形

图2-5　同步带的类型

4. 同步带的应用

同步带广泛应用于纺织、机床、烟草、通信电缆、轻工、化工、冶金、仪表仪器、食品、矿山、石油、汽车等行业的机械传动中。同步带应用举例如图2-6所示。

（四）平带传动

平带的横截面为扁矩形，其工作面是与轮面接触的内表面。常用的平带为橡胶帆布带。

1. 平带传动的组成与工作原理

平带传动由平带和平带轮组成，带的工作面与带轮的轮缘表面接触。它是利用传动带

(a) 应用于轻工机械设备

(b) 应用于精密机械设备

(c) 应用于特殊要求机械

图 2-6 同步带应用举例

作为中间挠性件,依靠传动带与带轮之间的摩擦力来传动运动和动力。

平带传动工作时,带套在平滑的轮面上,借带与轮面间的摩擦进行传动。平带传动结构简单,但容易打滑,通常用于传动比为 3 左右的传动。

2. 平带传动的类型

传动形式有开口传动、交叉传动和半交叉传动等,分别适用于不同的范围,见表 2-5。

平带有胶带、编织带、强力锦纶带和高速环形带等。胶带是平带中用得最多的一种。它强度较高,传递功率范围广。编织带挠性好,但易松弛。强力锦纶带强度高,且不易松弛。平带的截面尺寸都有标准规格,可选取任意长度,用胶合、缝合或金属接头连接成环形。高速环形带薄而软、挠性好、耐磨性好,且能制成无端环形,传动平稳,专用于高速传动。

表 2-5 平带传动的类型与适用范围

类 型	适 用 范 围	图 示
开口传动	两轴平行,两带轮转向相同的传动	

表 2-5（续）

类　型	适 用 范 围	图　示
交叉传动	两轴平行，两带轮转向相反的传动	
半交叉传动	两轴空间垂直交错的传动	

3. 平带的应用

平带广泛应用于纺织、机床、烟草、通信电缆、轻工、化工、冶金、仪表仪器、食品、矿山、石油、汽车等行业的机械传动中。平带应用举例如图 2-7 所示。

(a) 应用于轻工机械设备　　　　　　　　(b) 应用于传输设备

图 2-7　平带应用举例

（五）带传动的张紧

带传动在工作时，带与带轮之间需要一定的张紧力。当带工作一段时间之后，就会因塑性变形而松弛，使初拉力下降，带的传动能力便下降。为了保证带的传动能力，应将带重新张紧。带传动的张紧有调整中心距和使用张紧轮两种方法。带传动的张紧装置分定期张紧和自动张紧两类装置。长度为 1 m 的皮带，张紧程度以大拇指能按下 15 mm 为宜。

学习活动 2　工作前的准备

一、工具

钢直尺、扳手、螺丝刀等。

二、设备

V 带若干条。

三、材料和资料

V 带传动装置使用说明。

学习活动 3 现 场 施 工

【学习目标】

(1) 能熟练掌握本活动安全知识，并能按照安全要求进行操作。

(2) 能正确操作 V 带传动。

(3) 能正确使用和维护 V 带传动。

【建议课时】

4 课时。

一、带传动的安装

1. 拆卸 V 带

(1) 首先拆下防护罩。

(2) 一边转动带轮，一边用一字旋具将 V 带从带轮上拨下。

2. 安装 V 带

(1) 将 V 带套入小带轮最外端的第一个轮槽中。

(2) 将 V 带套入大带轮轮槽，左手按住大带轮上的 V 带，右手握住 V 带往前拉，在拉力的作用下，V 带沿着转动的方向即可全部进入大带轮的轮槽内。

(3) 调整 V 带张紧力。带的松紧要适当，不宜过松或过紧。过松时，不能保证足够的张紧力，传动时容易打滑，传动能力不能充分发挥；过紧时，带的张紧力过大，传动中磨损加剧，带的使用寿命缩短。

(4) 安装好防护罩。

3. 注意事项

(1) 安装或拆卸 V 带时，应使用调整中心距的方法将 V 带套入或取出，切忌强行撬入或撬出，以免损坏带的工作表面和降低带的弹性。

(2) 两带轮轴线平行度公差要求小于 $0.006a$（a 为中心距）；两带轮对应轮槽的对称平面应重合，其误差不得超过 $20'$。

二、带传动的张紧装置

1. 带轮张紧的目的

控制传送带的初拉力，保证带传动的正常工作。

2. 带传动张紧装置

(1) 调整中心距的方法。将装有带轮的电动机安装在滑道上或摆动底座上，其原理是通过调整螺钉或调整螺母调整中心距，从而使带得到适当张紧。

(2) 采用张紧轮张紧。当中心距不能调整时，可采用张紧轮定期将带张紧。张紧轮应置于松边内侧，靠近大带轮处，以免减小小带轮包角。

三、带传动的维护

为保证安全，带传动装置应装设防护罩；避免带与酸、碱和油接触，也不宜曝晒；应当定期检查 V 带，若发现一根松弛或损坏则应全部更换；切忌在有易燃、易爆气体的环境中（如煤矿井下）使用带传动，以免发生危险。存放时，应悬挂在架子上或平放在货架上，以免受压变形。

子任务 2　螺旋传动的分析

【学习目标】

（1）能通过阅读设备维护（保养）记录单和现场勘查，明确学习任务要求。

（2）能根据任务要求和实际情况，合理制定工作（学习）计划。

（3）能正确认识台虎钳的操作规范和要求。

（4）能熟练掌握台虎钳的操作步骤。

（5）能正确操作台虎钳。

（6）能识别工作环境的安全标志。

（7）能严格遵守安全规章制度，规范穿戴工装和劳动防护用品。

（8）能主动获取有效信息、展示工作成果，对学习与工作进行总结反思。

（9）能与他人合作，进行有效沟通。

【建议课时】

6 课时。

【设备】

台虎钳。

【学习任务描述】

学生在了解了台虎钳的构造、原理及特点的基础上，动手操作台虎钳，并进行日常保养以及常见故障检修。要求了解车间的环境要素、设备管理要求以及安全操作规程，养成正确穿戴工装和劳动防护用品的良好习惯，学会按照现场管理制度清理场地，归置物品，并按环保要求处理废弃物。

【工作流程与活动】

学习活动 1　明确工作任务。

学习活动 2　工作前的准备。

学习活动 3　现场施工。

学习活动 1　明确工作任务

【学习目标】

（1）能通过阅读设备维护（保养）记录单，明确学习任务、课时等要求。

（2）能准确记录工作现场的环境条件。

（3）能准确识别台虎钳的操作步骤并掌握其功能。

【学习课时】

4 课时。

一、工作任务

在接到台虎钳操作任务后，应全面检查台虎钳的结构状态，确定加工的具体任务。

二、相关理论知识

（一）螺纹的基础知识

1. 螺纹的概念和种类

（1）螺纹的概念。螺纹是指在圆柱或圆锥表面上，沿着螺旋线形成的、具有相同断面的连续凸起（凸起部分又叫牙）和沟槽。

（2）螺纹的分类，见表 2-6。

表 2-6 螺纹的分类

分类方式	螺纹种类	外形图	螺 纹 应 用
按螺纹牙型分类	三角形螺纹		分为粗牙和细牙两种，用于紧固连接
	矩形螺纹		用于螺旋传动
按螺纹牙型分类	梯形螺纹		用于机床设备
	锯齿形螺纹		用于起重机械或压力机械
按螺旋线的方向分类	左旋螺纹		逆时针旋入

表2-6（续）

分类方式	螺纹种类	外形图	螺纹应用
按螺旋线的方向分类	右旋螺纹		顺时针旋入
按螺旋线的线数分类	单线螺纹		用于连接
	多线螺纹		用于螺旋传动
按螺旋线形成的表面分类	内螺纹		在圆柱内表面上形成的螺纹
	外螺纹		在圆柱外表面上形成的螺纹
按螺纹用途分类	连接螺纹	普通螺纹	螺栓和螺母上的螺纹
		管螺纹	管螺纹用于管道的连接，如自来水管和煤气管上的螺纹
	传动螺纹		传递运动和动力的螺纹，采用梯形、矩形或锯齿形牙型，如台虎钳丝杠的螺纹
	专门用途螺纹		瓶口螺纹

2. 普通螺纹的主要参数

普通螺纹的主要参数见表2-7。

表2-7 普通螺纹的主要参数

主要参数	代号		含义
	内螺纹	外螺纹	
螺纹大径	D	d	与外螺纹牙顶或内螺纹牙底相重合的假想圆柱面的直径，又叫公称直径
螺纹中径	D_2	d_2	指一个假想圆柱面的直径，该圆柱的母线通过牙型上沟槽和凸起宽度相等的地方
螺纹小径	D_1	d_1	与外螺纹牙底或内螺纹牙顶相重合的假想圆柱面的直径
螺纹升角	ϕ		在中径圆柱上，螺旋线的切线与垂直于螺纹轴线的平面之间的夹角

表 2-7（续）

主要参数	代号		含　义
	内螺纹	外螺纹	
牙型角		α	螺纹牙型上，相邻两牙侧间的夹角
牙型高度		h_1	螺纹牙型上，牙顶到牙底在垂直于螺纹轴线方向上的距离
螺距		P	相邻两牙在中径上对应两点间的轴向距离
导程		P_h	同一条螺旋线上的相邻两牙在中径上对应两点间的轴向距离

3. 螺纹的标注

普通螺纹的牙型角为 60°，按螺距大小分为粗牙和细牙。一般连接多用粗牙螺纹，它是同一公称直径的普通螺纹中螺距最大的螺纹。细牙螺纹的螺距小，自锁性能好，但易滑牙，常用于薄壁零件的连接。

（1）普通螺纹的标注，见表 2-8。

表 2-8　普通螺纹的标注

螺纹类别	特征代号	螺纹标注示例	内、外螺纹配合标注示例
粗牙	M	M12-7g-L-LH M：螺纹特征代号； 12：公称直径； 7g：外螺纹中径和顶径公差带代号； L：长旋合长度； LH：左旋	M12-6H/7g-LH 6H：内螺纹中径和顶径公差带代号； 7g：外螺纹中径和顶径公差带代号
细牙		M12×1-7H8H M：螺纹特征代号； 12：公称直径； 1：螺距； 7H：内螺纹中径公差带代号； 8H：内螺纹顶径公差带代号	M12×1-6H/7g8g-LH 6H：内螺纹中径和顶径公差带代号； 7g：外螺纹中径公差带代号； 8g：外螺纹顶径公差带代号

（2）梯形螺纹的标注，见表 2-9。

表 2-9　梯形螺纹的标注

特征代号	螺纹标注示例	内、外螺纹配合标注示例
Tr	Tr24×10（P5）LH-7H Tr：螺纹特征代号； 24：公称直径； 10：导程； P5：螺距； LH：左旋； 7H：中径	Tr24×5LH-7H/7e 7H：内螺纹公差带代号； 7e：外螺纹公差带代号

（3）管螺纹的标注，见表 2 - 10。

表 2 - 10　管螺纹的标注

螺纹类别	特征代号	螺纹标注示例	内、外螺纹配合标注示例
非螺纹密封	G	G1A - LH G：螺纹特征代号； 1：尺寸代号； A：外螺纹公差等级代号； LH：左旋	G1/G1A - LH
螺纹密封	Rc （圆锥内螺纹）	Rc2 - LH Rc：螺纹特征代号； 2：尺寸代号； LH：左旋	Rp2/R2 - LH Rc2/R2
	Rp （圆柱内螺纹）	Rp2 Rp：螺纹特征代号； 2：尺寸代号	
	R （圆锥外螺纹）	R2 - LH R：螺纹特征代号； 2：尺寸代号； LH：左旋	

4. 螺纹连接零件

螺纹连接零件大多已经标准化，常用的有螺栓、双头螺柱、螺钉、紧定螺钉、螺母、垫圈和防松零件等，如图 2 - 8 所示。

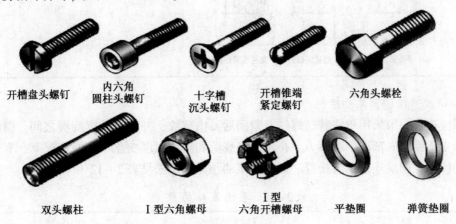

开槽盘头螺钉　内六角圆柱头螺钉　十字槽沉头螺钉　开槽锥端紧定螺钉　六角头螺栓

双头螺柱　Ⅰ型六角螺母　Ⅰ型六角开槽螺母　平垫圈　弹簧垫圈

图 2 - 8　螺纹连接零件

5. 螺纹连接的基本形式

螺纹连接的基本形式有螺栓连接、双头螺柱连接、螺钉连接和紧定螺钉连接四种，其结构图示、特点和应用见表2-11。

表2-11 螺纹连接的类型、结构图示、特点及应用

类型	图 示	特 点	应 用
螺栓连接		普通螺栓的杆与孔之间有间隙,通孔的加工要求低,结构简单,装拆方便,应用广泛	用于连接两个较薄零件
双头螺柱连接		在拆卸时,只需旋下螺母而不必拆下双头螺栓。可避免大型被连接件上的螺纹孔损坏	用于被连接件之一较厚,不宜于用螺栓连接,较厚的被连接件强度较差,又需经常拆卸的场合
螺钉连接		螺栓或螺钉直接拧入被连接件的螺纹孔中,不用螺母。结构比双头螺栓简单、紧凑	用于两个被连接件中一个较厚,但不需经常拆卸的场合,以免螺纹孔损坏
紧定螺钉连接	(a) 平端紧定螺钉 (b) 锥端紧定螺钉 (c) 圆柱端紧定螺钉	利用拧入零件螺纹孔中的螺纹末端顶住另一零件的表面或顶入另一零件上的凹坑中,以固定两个零件的相对位置	这种连接方式结构简单,有的可任意改变零件在周向或轴向的位置,以便调整,如电器开关旋钮的固定

6. 螺纹连接的预紧和防松

螺纹连接一般采用单线普通螺纹,紧固后,内螺纹、外螺纹的螺旋面之间,螺纹零件端面和支承面之间都产生摩擦力。在承受静载荷和环境温度变化不大的情况下,靠这个摩擦力的作用,螺纹连接不会松脱。螺纹连接的预紧和防松见表2-12和表2-13。

表2-12 螺纹连接的预紧

原 理	目 的	工 作 环 境
预紧可以使螺栓在受到工作载荷之前就受到预紧力的作用,防止连接受载后被连接件之间出现间隙或者横向滑移。也可以防松	提高连接的紧密性;防止连接松动;提高连接件强度	预紧力过大,会使整个连接的结构尺寸增大,也会使连接在装配时因过载而断裂;预紧力不足,会导致连接失效

当承受振动、冲击、交变载荷或环境温度变化较大时，连接就有可能松脱。一旦出现松脱，轻者会影响机器的正常运转，重者会造成严重事故。因此，为了保证连接安全可靠，重要场合下的螺纹连接必须采取有效的预紧和防松措施。

表2-13 螺纹连接的防松

实 质	方 法	工 作 环 境
限制螺旋副的相对转动，以防止连接的相对松动，影响正常工作	摩擦防松	弹簧垫圈防松　嵌在螺母中的尼龙圈，拧紧后尼龙圈内孔被螺栓箍紧而起防松作用　两螺母对顶，螺栓始终受到附加拉力和附加摩擦力的作用。结构简单，用于低速重载
	机械防松	开口销从螺母的槽口和螺栓尾部的孔中穿过，起防松作用，效果良好　将止动片的折边分别弯靠在螺母和被连接件的侧边，起防松作用　止动片　折边
	破坏螺旋副的永久防松	冲点法：用冲头冲2～3点起永久防松作用　黏合法：黏合剂涂于螺纹旋合表面，螺母拧紧后自行固化，效果良好　涂黏合剂 1～1.5P　焊点

（二）传动螺纹

1. 常用的传动螺纹

我们已经知道螺纹按用途分为连接螺纹、传动螺纹和专门用途螺纹。传动螺纹就是用于传递运动和动力的螺纹，采用梯形、矩形或锯齿形，如图2-9所示。台虎钳的丝杠就是传动螺纹的典型，如图2-10所示。

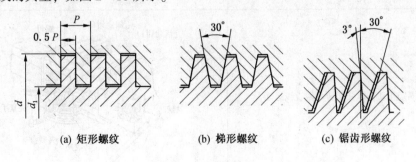

(a) 矩形螺纹　　　(b) 梯形螺纹　　　(c) 锯齿形螺纹

图2-9 螺纹的牙型

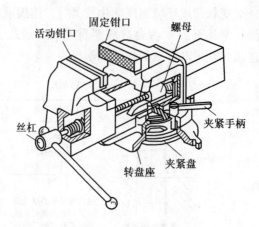

图 2 - 10 台虎钳的丝杠

2. 传动螺纹的标注

传动螺纹的标注和连接螺纹有所不同。

一般的传动螺纹多为梯形螺纹和矩形螺纹，这些螺纹除要标注外径外，还要画出相应的齿形结构。

（三）普通螺旋传动

螺旋传动由螺杆、螺母和机架组成，它利用螺旋副将回转运动变为直线运动，同时传递动力。螺旋传动有普通螺旋传动、差动螺旋传动和滚珠螺旋传动三种传动形式，最常见的是普通螺旋传动。

1. 普通螺旋传动的特点

螺旋传动可以方便地把主动件的回转运动转变为从动件的直线运动。与其他将回转运动转变为直线运动的传动装置（如曲柄滑块机构）相比，螺旋传动具有结构简单，工作连续、平稳，承载能力大，传动精度高，在一定条件下可实现逆行自锁等优点，因此广泛应用于各种机械和仪器中。它的缺点是摩擦损失大，传动效率较低。

由螺杆和螺母组成的简单螺旋副实现的传动称为普通螺旋传动，其应用实例见表2 - 14。

表 2 - 14　普通螺旋传动应用实例

应 用 形 式	应 用 实 例
螺母固定不动，螺杆回转并做直线运动	活动钳口　固定钳口　螺母 丝杠　夹紧手柄 转盘座　夹紧盘

表2-14（续）

应　用　形　式	应　用　实　例
螺杆固定不动，螺母回转并做直线运动	螺杆　顶头　扳杆　螺钉　底座　螺钉　套螺母　垫圈　螺钉
螺杆回转，螺母做直线运动	
螺母回转，螺杆做直线运动	目镜　物镜转换器　物镜　载物台　聚光器　粗、细调节螺旋　镜座

2. 普通螺旋传动移动件移动方向的判断

普通螺旋传动时，从动件做直线运动的方向不仅与螺纹的回转方向有关，还与螺纹的旋向有关，判断方法和步骤如下：

（1）首先判断螺纹的旋向。

（2）右旋螺纹伸右手，左旋螺纹伸左手，并握空拳；让四指指向与螺杆（螺母）回转方向相同，大拇指竖直。

（3）当旋转件既转动又移动时，大拇指的指向即为旋转件的移动方向；当旋转件只转动不移动时，大拇指的指向的反方向才是移动件的移动方向。

按图2-11练一练。

（四）差动螺旋传动

（1）差动螺旋传动的定义。差动螺旋传动是由两个螺旋副组成的使活动的螺母与螺杆产生差动（即不一致）的螺旋传动。

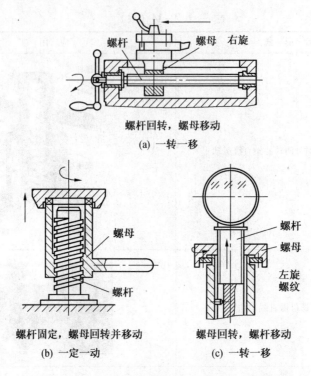

螺杆回转,螺母移动

(a) 一转一移

螺杆固定,螺母回转并移动

(b) 一定一动

螺母回转,螺杆移动

(c) 一转一移

图2-11 普通螺纹传动移动件移动方向判断

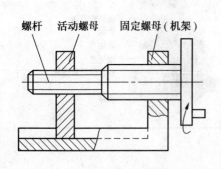

图2-12 差动螺旋传动的原理

(2) 差动螺旋传动的原理。假设图2-12中固定螺母和活动螺母的旋向同为右旋,螺杆相对固定螺母向左移动,而活动螺母相对螺杆向右移动,这样活动螺母相对机架实现差动移动,螺杆每转一转,活动螺母实际移动距离为两段螺纹导程之差。如果固定螺母的螺纹旋向仍为右旋,活动螺母的螺纹旋向仍为左旋,则按图2-12所示回转螺杆时,螺杆相对固定螺母左移,活动螺母相对螺杆亦左移,螺杆每转一周,活动螺母实际移动距离为两段螺纹的导程之和。

(3) 差动螺旋传动的计算方法见表2-15。

表2-15 差动螺旋传动的计算

传动种类	传 动 过 程	计算方法
差动螺旋传动	结果为正,活动螺母实际移动方向与螺杆移动方向相同	$L = N(P_{h1} - P_{h2})$
	结果为负,活动螺母实际移动方向与螺杆移动方向相反	
复式螺旋传动	螺杆上两螺纹(固定螺母与活动螺母)旋向相反	$L = N(P_{h1} + P_{h2})$

(五) 滚珠螺旋传动简介

在普通螺旋传动中,由于螺杆与螺母牙侧表面之间的相对运动摩擦是滑动摩擦,因此，传动阻力大，摩擦损失严重，效率低。为了改善螺旋传动的功能，经常采用滚珠螺旋传动技术，用滚动摩擦来代替滑动摩擦。

滚珠螺旋传动主要由滚珠、螺杆、螺母及滚珠循环装置组成，如图 2 – 13 所示。当螺杆或螺母转动时，滚动体在螺杆与螺母间的螺纹滚道内滚动，使螺杆和螺母间为滚动摩擦，从而提高传动效率和传动精度。

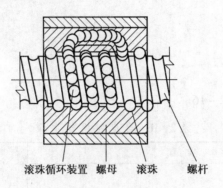

滚珠循环装置　螺母　滚珠　螺杆

图 2 – 13　滚珠螺旋传动

滚珠螺旋传动具有滚动摩擦阻力小、摩擦损失小、传动效率高、传动时运动稳定、动作灵敏等优点。但其结构复杂，外形尺寸较大，制造技术要求高，因此成本也较高。目前主要应用于精密传动的数控机床（滚珠丝杠传动），以及自动控制装置、升降机构、精密测量仪器、车辆转向机构等对传动精度要求较高的场合。

学习活动 2　工作前的准备

【学习目标】

(1) 能通过阅读台虎钳使用说明书，掌握台虎钳操作方法。

(2) 掌握台虎钳实训设备的使用方法与注意事项。

(3) 能认真听讲解，做好笔记。

(4) 能牢记安全注意事项，认识安全警示标志。

(5) 能按要求穿戴好劳保用品，戴好安全帽。

(6) 做好操作前的准备工作。

一、工具

钢直尺、游标卡尺、锉刀、锯条等。

二、设备

台虎钳。

三、材料和资料

台虎钳使用说明。

学习活动 3　现　场　施　工

【学习目标】

（1）能熟练掌握本活动安全知识，并能按照安全要求进行操作。

（2）能正确操作台虎钳实训设备。

【建议课时】

2课时。

一、操作步骤

台虎钳操作步骤见表2-16。

表2-16　台虎钳操作步骤

操　作　步　骤	图　　示
（1）穿戴劳动保护用品：工作前穿戴好劳动保护用品	
（2）设备检查：使用前应检查台虎钳各部位	
（3）注意安全：工作中应注意周围人员及自身安全，防止铁屑飞溅伤人	
（4）钳身牢固：台虎钳必须牢固地固定在钳台上，使用前或使用过程中调整角度后应检查锁紧螺栓、螺母是否锁紧，工作时应保证钳身无松动	
（5）平稳操作：使用虎钳夹工件要牢固、平稳，装夹小工件时须防止钳口夹伤手指，夹重工件必须用支柱或铁片垫稳，人要站在安全位置	

表 2-16（续）

操 作 步 骤	图 示
（6）夹紧工件：所夹工件不得超过钳口最大行程的三分之二，夹紧工件时只能用手的力量扳紧手柄，不允许用锤击手柄或套上长管的方法扳紧手柄，以防丝杆、螺母或钳身受损	
（7）力量朝向钳身：在进行强力作业时应使力量朝向固定钳身，防止增加丝杆和螺母的受力而造成螺母的损坏	
（8）切勿敲击活动钳身：不能敲击活动钳身的光洁平面，以免它与固定钳身发生松动造成事故	
（9）工件高于钳口面：锉削时，工件的表面应高于钳口面，不得用钳口面作基准面来加工平面，以免锉刀磨损和台虎钳损坏	
（10）防止工件跌落：松、紧台虎钳时应扶住工件，防止工件跌落伤物、伤人，丝杠、螺母和其他活动表面应加油润滑和防锈	
（11）清理卫生：工作结束后清理台虎钳台身及周边卫生，尤其是废工件和铁屑等	

二、维护保养

每周定期清洁丝杠、螺母和其他活动表面，应经常加润滑油和防锈剂，并注意保持清洁。

子任务3 链传动的分析

【学习目标】

(1) 能通过了解链传动的应用，明确学习任务要求。

(2) 能根据任务要求和实际情况，合理制定工作（学习）计划。

(3) 能正确认识链传动的结构和工作原理。

(4) 能熟练掌握链传动的拆装要求。

(5) 能正确理解链传动的拆装注意事项。

(6) 能正确操作链传动，懂得链传动的日常维护与故障处理。

(7) 能识别工作环境的安全标志。

(8) 能严格遵守安全规章制度，规范穿戴工装和劳动防护用品。

(9) 能主动获取有效信息、展示工作成果，对学习与工作进行总结反思。

(10) 能与他人合作，进行有效沟通。

【建议课时】

6课时。

【学习任务描述】

学生在了解了链传动的构造、原理及性能的基础上，动手操作链传动，并进行日常保养以及常见故障检修。要求了解车间的环境要素、设备管理要求以及安全操作规程，养成正确穿戴工装和劳动防护用品的良好习惯，学会按照现场管理制度清理场地，归置物品，并按环保要求处理废弃物。

【工作流程与活动】

学习活动1 明确工作任务。

学习活动2 工作前的准备。

学习活动3 现场操作。

学习活动1 明确工作任务

【学习目标】

(1) 能认真听讲解，做好笔记。

(2) 能通过了解链传动的应用，明确学习任务、课时等要求。

(3) 能准确叙述链传动的结构和工作原理。

(4) 能准确说出链传动各组成部分的作用。

【建议课时】

4课时。

一、工作任务

图2-14为摩托车的实物图。摩托车的链传动在使用一段时间之后，链条松弛，下垂

40

度变大，容易脱落。如何重新安装？给学生展示摩托车链传动的结构图片，通过查阅资料使学生了解链传动的具体应用，引导学生分析它的组成及各组成部分的特点和功能。

任务分析：摩托车由发动机输出动力，通过两个链轮和一条挠性传动链组成的链传动来驱使后轮转动，从而实现正常行驶。那么摩托车中的链传动采用了哪种类型的链？链传动对链轮、链条的结构、材料有什么要求？重新安装时，必须了解链条的接头方法，并能正确张紧和润滑链条。

图 2-14　摩托车

二、相关理论知识

1. 链传动基本知识

1）链传动的组成

链传动由主动链轮1、链条2、从动链轮3组成，如图2-15所示。

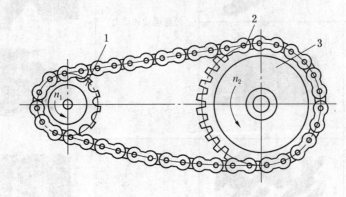

1—主动链轮；2—链条；3—从动链轮

图 2-15　链传动的组成

2）链传动的工作原理

链传动是通过链条将具有特殊齿形的主动链轮的运动和动力传递到具有特殊齿形的从动链轮的一种传动方式。

链传动有许多优点：无弹性滑动和打滑现象，平均传动比准确，工作可靠，效率高；传递功率大，过载能力强，相同工况下的传动尺寸小；所需张紧力小，作用于轴上的压力小；能在高温、潮湿、多尘、有污染等恶劣环境中工作。

链传动的主要缺点：仅能用于两平行轴间的传动；成本高，易磨损，易伸长；传动平稳性差，运转时会产生附加动载荷、振动、冲击和噪声，不宜用在急速反向的传动中。

3）链传动的传动比

链传动的传动比就是主动链轮转速 n_1 与从动链轮转速 n_2 之比。

$$i_{12} = \frac{n_1}{n_2} = \frac{z_2}{z_1}$$

式中　i_{12}——链传动的传动比；

　　　n_1——主动链轮转速，r/min；

　　　n_2——从动链轮转速，r/min；

　　　z_1——从动链轮的齿数；

　　　z_2——主动链轮的齿数。

4）链传动的类型

链传动的类型见表 2 - 17。

表 2 - 17　链传动的类型

类　型		图　示	用　途	生产生活应用
传动链	滚子链		传递运动和动力	
	齿形链			
输送链			输送物料和机件	
起重链			提升重物	

5）链传动的应用特点

（1）能保证准确的平均传动比。

（2）传递功率大，且张紧力小，作用在轴和轴承上的力小。

（3）传动效率高，一般可达 0. 95 ~ 0. 98。

（4）能在低速、重载和高温条件下，以及尘土飞扬、淋水、淋油等不良环境中工作。

（5）能用一根链条同时带动几根彼此平行的轴转动。

（6）由于链节做多边形运动，瞬时传动比是变化的，瞬时链速不是常数，传动中会产生动载荷和冲击，因此不宜用于要求精密传动的机械上。

（7）安装和维护的要求高。

（8）链条的铰链磨损后，使链条节距变大，传动中链条容易脱落。

（9）无过载保护作用。

2. 链传动的张紧与润滑

1）链传动的张紧

链传动在使用过程中，链条和链轮之间需要有一定的张紧力。当链条工作一段时间之后，由于销轴转动磨损链板孔而使节距增大，从而使链条松弛，下垂度变大，影响正常传动，为了保证链的传动能力，应将链重新张紧。链传动的张紧方法见表 2 – 18。

表 2 – 18　链传动的张紧方法

方　法	操　作	图　示
方法 1	移动链轮，增大中心矩	
方法 2	中心矩不变，调整张紧轮	
方法 3	取掉偶数链节，恢复链条长度	

2）链传动的润滑

为提高链传动的质量和使用寿命，链传动需进行润滑。适宜的润滑能显著降低链条铰链的磨损，延长使用寿命。尤其是高速、重载的链传动更为必要。润滑不良将加速链条的磨损，甚至导致胶合。链传动的润滑方式见表 2 – 19。

表2-19 链传动的润滑方式

润滑方式	图　　示
油杯滴油润滑	
油浴或飞溅润滑	
压力循环润滑	
人工定期润滑	

学习活动2　工作前的准备

【学习目标】

（1）能认真听讲解，做好笔记。

（2）能牢记安全注意事项，认识安全警示标志。

（3）能按要求穿戴好劳动保护用品。

（4）做好操作前的准备工作。

一、工具

抹布、煤油、链条清洗剂、专用链条清洁刷、后轮支架、链条润滑油、橡胶手套等。

二、设备

摩托车。

三、材料和资料

摩托车使用说明。

学习活动3　现　场　施　工

【学习目标】

(1) 能熟练掌握本活动安全知识，并能按照安全要求进行操作。

(2) 能正确操作摩托车润滑设施。

(3) 能独立完成摩托车链条的清洗。

【建议课时】

2课时。

相信大部分人都遇到过这样的问题，那就是摩托车骑久了链条的噪音会越来越大，除了链条太久没喷润滑剂这个原因之外，黏在链条上的砂子和小石头也是原因之一，另外链条太松行驶噪声也会相当大。因此，我们要及时清洗链条，保证链条的寿命以及我们的骑行安全。

链条清洁和润滑的步骤见表2-20。

表2-20　链条清洁和润滑的步骤

步　骤	图　示
(1) 判断：什么时候润滑传动链条呢？摩托车链条听起来或看起来很干涩的时候	
(2) 工具准备：抹布、煤油、链条清洗剂、专用链条清洁刷、后轮支架、链条润滑油、橡胶手套等	
(3) 支起车子：先把车子支起来，让后轮离地	

表 2-20（续）

步　　骤	图　示
（4）清洗链条：①如果不是很脏，那就在抹布上喷些清洁剂进行擦拭；②如果很脏，那就把清洁剂浇在上面，然后小心地用刷子刷，让链条穿过刷子	
（5）润滑链条：明确要上润滑剂的部分——链条两侧、侧垫片以及链条重叠的部分。动作要领：右手转动轮子，先润滑链条内侧一圈，然后再润滑链条外侧一圈。润滑完毕，接着控油，然后擦拭干净。注意：过多的润滑剂会弄脏轮辋，也会让链条脏得更快	
（6）更换 O 形环：现代摩托车链条都会用到 X 形或者 O 形的橡胶环贴在侧垫片上来锁住润滑油。如果链轮齿变细或者变形，或者链条生锈，则需要更换 X 形或 O 形的橡胶环	
（7）喷链条油：喷上适量的链条油。链条油喷得太少润滑效果不足，喷得太多易造成喷溅，一定要把握好油量	
（8）擦拭多余的链条油：拿抹布将链条上多余的链条油擦拭干净，降低链条油喷溅的概率，同时可以减少链条黏泥土的可能性	

子任务4　齿轮传动的分析

【学习目标】

(1) 能通过了解减速器的应用，明确学习任务要求。

(2) 能根据任务要求和实际情况，合理制定工作（学习）计划。

(3) 能正确认识减速器的结构和工作原理。

(4) 能熟练掌握减速器的拆装要求。

(5) 能正确理解减速器的拆装注意事项。

(6) 能正确操作减速器，懂得减速器的日常维护与故障处理。

(7) 能识别工作环境的安全标志。

(8) 能严格遵守安全规章制度，规范穿戴工装和劳动防护用品。

(9) 能主动获取有效信息、展示工作成果，对学习与工作进行总结反思。

(10) 能与他人合作，进行有效沟通。

【建议课时】

14 课时。

【设备】

减速器。

【学习任务描述】

学生在了解了减速器的构造、原理及性能的基础上，动手操作减速器，并进行日常保养以及常见故障检修。要求了解车间的环境要素、设备管理要求以及安全操作规程，养成正确穿戴工装和劳动防护用品的良好习惯，学会按照现场管理制度清理场地，归置物品，并按环保要求处理废弃物。

【工作流程与活动】

学习活动1　明确工作任务。

学习活动2　工作前的准备。

学习活动3　现场施工。

学 习 活 动 1　明 确 工 作 任 务

【学习目标】

(1) 能认真听讲解，做好笔记。

(2) 能通过了解减速器的应用，明确学习任务、课时等要求。

(3) 能准确叙述减速器的结构和工作原理。

(4) 能准确说出减速器各组成部分的作用。

【建议课时】

8 课时。

一、工作任务

给学生展示减速器的结构图片（图 2-16），通过查阅资料使学生了解减速器的具体应用，引导学生分析它的组成及各组成部分的特点和功能。

图 2-16　减速器的结构

二、相关理论知识

以一级减速器（图 2-17）为例进行介绍。

图 2-17　一级减速器

（一）认识齿轮

齿轮传动是近代机器中传递运动和动力的最主要形式之一。在金属切削机床、工程机械、冶金机械，以及人们常见的汽车、机械式钟表中都有齿轮传动。齿轮已成为许多机械设备中不可缺少的传动部件，齿轮传动也是机器中所占比重最大的传动形式。

何为齿轮传动？齿轮传动是利用齿轮副来传递运动或动力的一种机械传动。

齿轮传动的传动比是主动齿轮转速与从动齿轮转速之比，也等于两齿轮齿数之反比。

$$i_{12} = \frac{n_1}{n_2} = \frac{z_2}{z_1}$$

式中　i_{12}——齿轮传动的传动比；

　　n_1——主动齿轮转速，r/min；

　　n_2——从动齿轮转速，r/min；

　　z_1——从动齿轮的齿数；

　　z_2——主动齿轮的齿数。

1. 齿轮传动的类型

齿轮按其外形可以分为圆柱齿轮、锥齿轮、齿条和特殊的齿轮（蜗杆、蜗轮）。圆柱齿轮又分为直齿圆柱齿轮、斜齿圆柱齿轮和人字齿圆柱齿轮三种，锥齿轮也有直齿锥齿轮和斜齿锥齿轮两种。齿轮传动的类型见表 2 - 21。

表 2 - 21　齿轮传动的类型

分　类　方　法		类　　型	图　　例
两轴平行	按轮齿方向	直齿圆柱齿轮	
		斜齿圆柱齿轮	
		人字齿圆柱齿轮	
	按啮合情况	外啮合齿轮	
		内啮合齿轮	
		齿轮齿条	
两轴不平行	相交轴齿轮	锥齿轮	
	交错轴齿轮	交错轴斜齿轮	
		蜗轮蜗杆	

2. 齿轮的齿廓

1）齿轮传动对齿廓曲线的基本要求

（1）传动平稳；

（2）承载能力强。

2）渐开线的形成及性质

如图 2-18 所示，动直线 AB 沿着固定的圆 O 做纯滚动时，动直线 AB 上任一点 K 的运动轨迹 CK 称为渐开线，圆 O 称为渐开线的基圆，其半径以 r_b 表示，直线称为渐开线的发生线。

以同一个基圆上产生的两条反向渐开线为齿廓的齿轮，我们称作渐开线齿轮。

渐开线齿廓的啮合特性：

（1）能保持瞬时传动比的恒定；

（2）具有传动的可分离性。

渐开线齿廓的性质：

（1）发生线在基圆上滚过的线段长等于基圆上被滚过的弧长；

（2）渐开线上任意一点的法线必切于基圆；

（3）渐开线的形状取决于基圆的大小；

（4）渐开线上各点的曲率半径不相等；

（5）渐开线上各点的齿形角（压力角）不等；

（6）渐开线的起始点在基圆上，基圆内无渐开线。

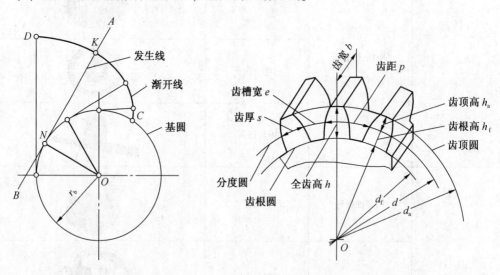

图 2-18　渐开线的形成　　　　图 2-19　齿轮各部分名称及符号

3. 渐开线标准直齿圆柱齿轮的基本参数和几何尺寸计算

1）渐开线标准直齿圆柱齿轮各部分的名称

齿轮各部分名称及符号如图 2-19 所示。

2）渐开线标准直齿圆柱齿轮的基本参数

直齿圆柱齿轮的基本参数有齿形角 α、齿数 z、模数 m、齿顶高系数 h_a^* 和顶隙系数

c^*。它们是计算齿轮各部分几何尺寸的依据。

（1）标准齿轮的齿形角 α。

齿形角指分度圆上的端面齿形角，即在端平面内，端面齿廓与分度圆的交点处的径向直线与齿廓在该点处的切线所夹的锐角，用 α 表示。国家标准规定渐开线圆柱齿轮分度圆上的齿形角 $\alpha = 20°$。

渐开线齿廓上各点的齿形角不相等，K 点离基圆越远，齿形角越大，基圆上的齿形角 $\alpha = 0°$。

分度圆压力角——齿廓曲线在分度圆上的某点处的速度方向与曲线在该点处的法线方向（力的作用线方向）之间所夹锐角，也用 α 表示。

齿形角与压力角如图 2 - 20 所示。

（2）齿数 z。

一个齿轮的轮齿数目，用符号 z 表示。

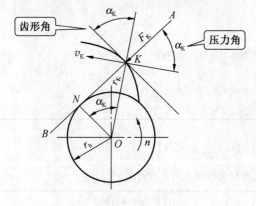

图 2 - 20　齿形角与压力角

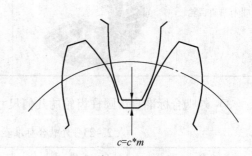

图 2 - 21　顶隙

（3）模数 m。

齿距 p 除以圆周率 π 所得的商称为模数，用符号 m 表示，单位为 mm。为了计算和生产的方便，人们人为地把模数规定为有理数。模数是齿轮设计和几何尺寸计算中最基本的一个参数。齿数相等的齿轮，模数越大，轮齿越大，齿轮的强度越高，承载能力也越强。

（4）齿顶高系数 h_a^*。

在设计和制造齿轮时，全齿高是通过规定齿顶高和齿根高来确定的。标准人为地把齿顶高和模数联系起来，即规定齿顶高和模数成倍数关系：$h_a = h_a^* m$。标准直齿圆柱齿轮有正常齿和短齿两种，其齿顶高系数分别为 1 和 0.8。

我国标准规定，正常齿顶高系数 $h_a^* = 1$。

（5）顶隙系数 c^*。

当一对齿轮啮合时，为使一个齿轮的齿顶面不与另一个齿轮的齿槽底面相抵触，轮齿的齿根高应大于齿顶高，即应留有一定的径向间隙，称为顶隙，用 c 表示，如图 2 - 21 所示。对于标准齿轮，人为地把顶隙和模数联系起来，即规定顶隙和模数成倍数关系：$c = c^* m$。

正常齿和短齿两种齿轮的顶隙系数分别为 0.25 和 0.3。我国标准规定，正常齿顶隙系

数 $c^* = 0.25$。

何为标准齿轮？有什么特征？

至此，我们可以给出标准直齿圆柱齿轮的完整定义：采用标准模数 m，齿形角 α 为 20°，齿顶高系数和顶隙系数都取标准值，齿厚 s 等于槽宽 e 的渐开线直齿圆柱齿轮，就是标准直齿圆柱齿轮，简称标准直齿轮。标准齿轮与非标准齿轮的对比见表 2-22。

表 2-22 标准齿轮与非标准齿轮的对比

分　类	图　例	特　点
标准齿轮		具有标准模数和标准齿形角；具有标准齿顶高系数和顶隙系数；分度圆上的齿厚和齿槽宽相等，即 $s = e = \pi m/2$
非标准直齿轮		不具备上述特征的齿轮

3）外啮合标准直齿圆柱齿轮的几何尺寸计算（表 2-23）

表 2-23 外啮合标准直齿圆柱齿轮的几何尺寸计算

名　称	代　号	计算公式（方法）
齿形角	α	标准齿轮为 20°
齿数	z	通过传动比计算确定
模数	m	通过计算或结构设计确定
齿厚	s	$s = p/2 = \pi m/2$
齿槽宽	e	$e = p/2 = \pi m/2$
齿距	p	$p = \pi m$
基圆齿距	p_b	$p_b = p\cos\alpha = \pi m\cos\alpha$
齿顶高	h_a	$h_a = h_a^* m$
齿根高	h_f	$h_f = (h_a^* + c^*)m = 1.25m$
齿高	h	$h = h_a + h_f = 2.25m$
分度圆直径	d	$d = mz$
齿顶圆直径	d_a	$d_a = d + 2h_a = m(z+2)$
齿根圆直径	d_f	$d_f = d - h_f = m(z-2.5)$
基圆直径	d_b	$d_b = d\cos\alpha$
标准中心距	a	$a = (d_1 + d_2)/2 = m(z_1 + z_2)/2$

4）直齿圆柱内齿轮特征

（1）内齿轮的齿顶圆小于分度圆，齿根圆大于分度圆；

（2）内齿轮的齿廓是内凹的，其齿厚和齿槽宽分别对应于外齿轮的齿槽和齿厚；

（3）为了使内齿轮齿顶的齿廓全部为渐开线，其齿顶圆必须大于基圆。

4．其他类型齿轮

1）斜齿圆柱齿轮

（1）斜齿圆柱齿轮齿面的形成。如图 2 - 22 所示，斜齿圆柱齿轮的齿面是渐开螺旋面。所谓"渐开螺旋面"，是一平面（发生面）沿一个固定的圆柱面（基圆柱面）做纯滚动时，此平面上一条与基圆柱面的轴线倾斜交错成恒定角度 β_b 的直线 KK 在空间的轨迹曲面。

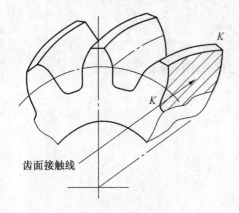

图 2 - 22　渐开螺旋面

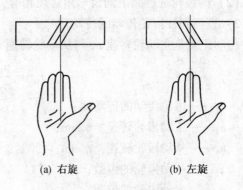

（a）右旋　　　　　（b）左旋

图 2 - 23　斜齿圆柱齿轮的旋向判定

（2）斜齿圆柱齿轮的旋向。如图 2 - 23 所示，斜齿圆柱齿轮轮齿的螺旋方向分为左旋和右旋。其旋向可用图中所示的右手定则来判定：伸出右手，掌心对准自己，四指顺着齿轮的轴线，若齿向与拇指指向一致，则该齿轮为右旋齿轮，反之为左旋齿轮。

2）人字齿圆柱齿轮

可以认为人字齿圆柱齿轮是由两个旋向相反的斜齿圆柱齿轮组合而成的。

3）直齿锥齿轮

斜齿锥齿轮的设计和制造比较复杂，应用远少于直齿锥齿轮。与直齿圆柱齿轮相比，直齿圆锥齿轮的轮齿分布在圆锥面上，所以圆锥齿轮的齿型从大端到小端逐渐收缩。为便于测量和计算，通常取大端的参数为标准值。

4）蜗轮和蜗杆

我们将在后面的任务中专门讨论蜗轮和蜗杆。

（二）齿轮传动

1．齿轮传动特点

和带传动、链传动等其他传动方法相比较，齿轮传动具有以下特点：

（1）能保证瞬时传动比的恒定，传动平稳性好，传递运动准确可靠。

（2）传递功率和速度的范围大。

（3）传动效率高，一般传动效率可以达到 0.94 ~ 0.99。

（4）结构紧凑，工作可靠，寿命长。

（5）制造和安装精度要求高，工作时有噪声。

（6）齿轮的齿数为整数，能获得的传动比受到一定的限制，不能实现无级变速。

（7）不适宜中心距较大的场合。

2. 直齿圆柱齿轮传动

1）直齿圆柱齿轮传动的正确啮合条件

一对齿轮能连续顺利地传动，需要各对轮齿依次正确啮合互不干涉。为保证传动时不出现因两齿廓局部重叠或侧隙过大而引起的卡死或冲击现象，必须使两轮的齿距相等，由此可得标准直齿圆柱齿轮的正确啮合条件是：

（1）两齿轮的模数必须相等，$m_1 = m_2$。

（2）两齿轮分度圆上的齿形角必须相等，$\alpha_1 = \alpha_2$。

2）直齿圆柱齿轮传动的传动比

传动比就是主动轮转速 n_1 与从动轮转速 n_2 之比，用符号 i_{12} 表示。

$$i_{12} = \frac{n_1}{n_2} = \frac{z_2}{z_1}$$

式中　i_{12}——齿轮传动的传动比；

　　　n_1——主动齿轮转速，r/min；

　　　n_2——从动齿轮转速，r/min；

　　　z_1——从动齿轮的齿数；

　　　z_2——主动齿轮的齿数。

上式说明，齿轮传动中齿轮的转速和它的齿数成反比。

其他齿轮传动的传动比可以按同样的公式计算。齿轮副的传动比不宜过大，否则会使齿轮副的结构尺寸过大，不利于制造和安装。通常，圆柱齿轮副的传动比 $i \leqslant 8$，圆锥齿轮副的传动比 $i \leqslant 5$。

3）直齿圆柱齿轮传动的特点

直齿圆柱齿轮传动适用于在两平行轴之间传递运动和动力，具有前述的齿轮传动的所有特点。直齿圆柱齿轮啮合时，齿面的接触线均平行于齿轮轴线，轮齿是沿整个齿宽同时进入啮合、同时脱离啮合的，载荷沿齿宽突然加上及卸下。

直齿轮传动的平稳性较差，容易产生冲击和噪声，不适合用于高速和重载的传动。

3. 斜齿圆柱齿轮传动

1）斜齿圆柱齿轮正确啮合条件

（1）法面模数（法向齿距除以圆周率 π 所得的商）相等，即 $m_{n1} = m_{n2} = m$。

（2）法面齿形角（法平面内端面齿廓与分度圆交点处的齿形角）相等，即 $\alpha_{n1} = \alpha_{n2} = \alpha$。

（3）螺旋角相等、旋向相反，即 $\beta_1 = -\beta_2$。

2）斜齿轮传动的啮合特点

（1）齿的接触线先由短变长，再由长变短，承载能力大，可用于大功率传动。

（2）轮齿上的载荷逐渐增加、逐渐卸掉，承载和卸载平稳，冲击和噪声小，使用寿命长。

（3）传动平稳，冲击、振动和噪声较小。

（4）适用于高速重载的场合。

4. 直齿圆锥齿轮传动

直齿圆锥齿轮正确啮合条件：

（1）两齿轮的大端端面模数相等，即 $m_1 = m_2$。

（2）两齿轮的齿形角相等，即 $\alpha_1 = \alpha_2$。

直齿圆锥齿轮传动的应用特点：用于相交轴齿轮传动和交错轴齿轮传动。两轴的交角通常为 $90°$。

5. 齿轮齿条传动

齿轮齿条传动正确啮合条件：

（1）齿轮和齿条的模数必须相等，$m_1 = m_2$。

（2）齿轮和齿条分度圆上的齿形角必须相等，即 $\alpha_1 = \alpha_2$。

齿轮齿条传动的应用特点：将齿轮的回转运动变为齿条的往复直线运动，或将齿条的直线往复运动变为齿轮的回转运动。

6. 齿轮轮齿的失效形式

齿轮在工作过程中，由于各种原因而损坏，使其失去工作能力的现象称为失效。常见的失效形式有齿面点蚀、齿面胶合、齿面磨损、齿面塑变和轮齿折断等，见表 2 - 24。

表 2 - 24　齿 轮 失 效 形 式

失效形式	图　示	引起原因	发生部位	避免措施
齿面点蚀		很小的面接触和应力循环变化，导致齿面表层产生细微疲劳裂纹，微粒剥落而形成麻点	靠近节线的齿根表面	提高齿面硬度
齿面胶合		高速重载，啮合区温度升高引起润滑失效，齿面金属直接接触并相互黏连，较软的齿面被撕下而形成沟纹	轮齿接触表面	提高齿面硬度，减小表面粗糙度值，采用黏度大和抗胶合性能好的润滑油

表 2 - 24（续）

失效形式	图　示	引起原因	发生部位	避免措施
齿面磨损	齿面胶合	接触表面间有较大的相对滑动，产生滑动摩擦	轮齿接触表面	提高齿面硬度，减小表面粗糙度值，改善润滑条件，加大模数，用闭式齿轮传动结构代替开式齿轮传动结构
齿面塑变	主动轮 从动轮 摩擦力方向 ω_2	低速重载，齿面压力过大	轮齿	减小载荷，降低启动频率
轮齿折断	F_n b F_n 危险截面 裂纹 (a) (b) (c)	短时意外的严重过载，超过弯曲疲劳极限	齿根部分	选择适当的模数和齿宽，采用合适的材料及热处理方法，减小表面粗糙度值，降低齿根弯曲应力

（三）蜗杆传动

在运动转换中，常需要进行空间交错轴之间的运动转换，同时又要求大的传动比，还希望机构结构紧凑，采用蜗杆传动机构则可以满足这些要求。

1. 蜗杆传动的组成和类型

1）蜗杆传动的组成

蜗杆传动主要由蜗杆和蜗轮组成。蜗杆的外形像一个螺杆，蜗轮的形状像一个斜齿轮，但轮齿沿齿长方向弯曲成圆弧形，以便和蜗杆啮合。

蜗杆传动主要用于在空间交错的两轴之间传递运动和动力，通常两轴间交角为90°。一般情况下，蜗杆为主动件，蜗轮为从动件。

2）蜗杆传动的类型

蜗杆传动按照蜗杆形状的不同，可分为圆柱蜗杆传动、环面蜗杆传动和锥蜗杆传动，如图2-24所示。

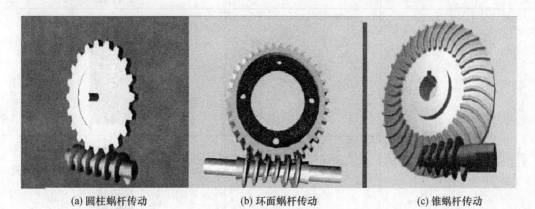

(a) 圆柱蜗杆传动　　　　(b) 环面蜗杆传动　　　　(c) 锥蜗杆传动

图2-24 蜗杆传动类型

（1）蜗杆的类型。蜗杆除了按形状的不同分为圆柱蜗杆、环面蜗杆和锥蜗杆以外，还可以按旋向或线数来分类，见表2-25。

（2）蜗杆的旋向。根据轮齿的螺旋方向不同，蜗杆有左旋和右旋之分。像螺纹一样，我们可用右手定则来判定蜗杆的旋向，如图2-25所示。在蜗杆传动中，蜗轮蜗杆的旋向是一致的，即同为左旋或同为右旋。

表2-25 蜗杆的分类

类　　型		图　　例
按蜗杆形状不同	圆柱蜗杆传动	阿基米德蜗杆
		渐开线蜗杆
		法向直廓蜗杆
	环面蜗杆传动	
	锥蜗杆传动	

表 2-25（续）

类　　型		图　　例
按蜗杆旋向不同	右旋蜗杆	
	左旋蜗杆	
按蜗杆线数不同	单头蜗杆	
	多头蜗杆	

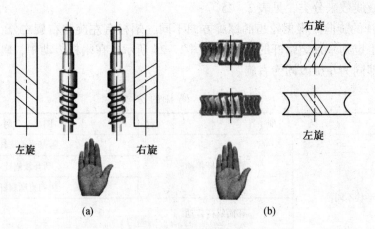

图 2-25　蜗杆旋向判定

（3）蜗杆的线数。根据线数（z_1）不同，蜗杆有单线（单头）、多线（多头）之分。通常蜗杆线数 $z_1 = 1 \sim 4$。

2. 蜗杆传动的应用特点

蜗杆传动广泛应用在机床、汽车、仪器、起重运输机械、冶金机械及其他机器或设备中。它的主要应用特点如下：

（1）单级传动比大，结构紧凑。

（2）传动平稳，噪声小。

（3）承载能力大。

（4）可以实现反行程自锁。

（5）传动效率低。

（6）制造成本高。

3. 蜗轮转向的判定

蜗轮的旋转方向，与蜗杆的旋转方向和蜗杆的螺旋方向都有关系，通常用左（右）手法则来判定。具体判定方法和步骤如下：

（1）判定蜗杆或蜗轮的旋向。

（2）判定蜗轮的转动方向。蜗杆右旋时用右手，左旋时用左手。如图 2 - 26 所示，半握拳，四指弯曲表示蜗杆的回转方向，大拇指伸直代表蜗杆轴线，则蜗轮的转动方向与大拇指指向相反。

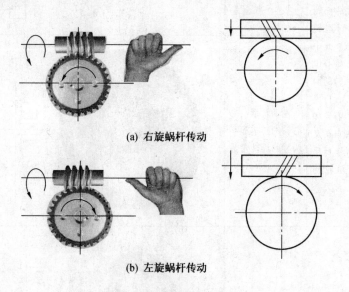

(a) 右旋蜗杆传动

(b) 左旋蜗杆传动

图 2 - 26　蜗轮转向判定

（四）轮系的概念

由两个互相啮合的齿轮所组成的齿轮机构是齿轮传动中最简单的形式。在机械传动中，往往采用一系列相互啮合的齿轮，将主动轴和从动轴连接起来组成齿轮传动系统。这种由一系列相互啮合的齿轮组成的传动系统称为轮系。

1. 轮系的分类

轮系的形式有很多，按照轮系传动时各齿轮的轴线位置是否固定分为定轴轮系、周转轮系和混合轮系三大类，见表2-26。

表2-26　轮系的分类

类型	说　明	运 动 结 构 简 图
定轴轮系	当轮系运转时，所有齿轮的几何轴线位置相对于机架固定不变，也称为普通轮系	
周转轮系	轮系运转时，至少有一个齿轮的几何轴线相对于机架的位置是不固定的，而是绕另一个齿轮的几何轴线转动。 周转轮系由中心轮（太阳轮）、行星轮和行星架组成。其中中心轮是位于中心位置且绕轴线回转的内齿轮或外齿轮；行星轮是同时与中心轮和齿圈啮合既做自转又做公转的齿轮；行星架是支撑行星轮的构件	行星轮系：有一个中心轮的转速为零的周转轮系
		差动轮系：中心轮的转速都不为零的周转轮系
混合轮系	在轮系中，既有定轴轮系又有行星轮系	

　2. 轮系的应用特点

　（1）可获得很大的传动比。当两轴之间需要较大的传动比时，如果仅由一对齿轮啮合传动，则大小齿轮的齿数相差很大，会使小齿轮极易磨损。若采用轮系就可以克服上述缺点，可获得很大的传动比，而且结构紧凑，满足低速工作的要求，如航空发动机的减速器。

　（2）可做较远距离的传动。当两轴中心距较大时，若用一对齿轮传动，齿轮尺寸必然很大，导致传动机构庞大。而采用轮系传动，可使结构紧凑，缩小传动装置的空间，节省材料，减小设备的重量。

　（3）可以方便地实现变速和变向要求。在金属切削机床、汽车等机械设备中，经过轮系传动中的滑移齿轮的移动，可以使输出轴获得多级转速，以满足不同工作的要求。

　（4）可实现运动的合成或分解。采用周转轮系，可以将两个独立的运动合成为一个运动，或将一个运动分解为两个独立的运动，如汽车的传动轴。

　（五）定轴轮系中各轮转向的判定

　1. 一对相啮合齿轮转向的直箭头示意法

　直箭头示意法是用直箭头表示齿轮可见侧中点处的圆周运动方向，示例见表2－27。由于相啮合的一对齿轮在啮合点处的圆周运动方向相同，所以表示它们转动方向的直箭头总是同时指向或同时背离其啮合点。

表2－27　一对相啮合齿轮转向的直箭头示意法

类　型	运动结构简图	转向表达
圆柱齿轮啮合传动		转向用标注箭头的方法表示，主、从动齿轮转向相反时，两箭头指向相反
		主、从动齿轮转向相同时，两箭头指向相同

機　械　基　础

表 2 - 27（续）

类　型	运动结构简图	转　向　表　达
锥齿轮 啮合传动		两箭头同时指向或同时背向啮合点
蜗杆 啮合传动		两箭头指向按第五章讲过的规定标注

2. 用直箭头表示定轴轮系中各齿轮的转向

用直箭头表示定轴轮系中各齿轮的转向如图 2 - 27 所示。

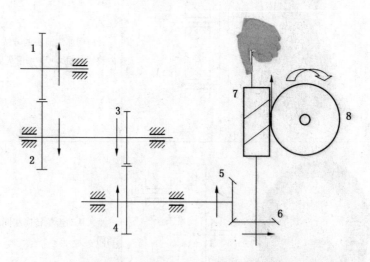

图 2 - 27　用直箭头表示各齿轮的转向

三、定轴轮系传动比的计算

定轴轮系的传动比即轮系中首末两轮的转速之比，用符号 i_{1k} 表示，其表达式为

62

$$i_{1k} = \frac{i_1}{i_k}$$

图 2-28 所示为一定轴轮系，齿轮 1 为首端主动轮，转速为 n_1，齿轮 9 为末端从动轮，转速为 n_9。轮系中各对齿轮的传动比分别为：

$$i_{12} = \frac{n_1}{n_2} = -\frac{z_2}{z_1}$$

$$i_{23} = \frac{n_2}{n_3} = -\frac{z_3}{z_2}$$

$$i_{45} = \frac{n_4}{n_5} = +\frac{z_5}{z_4}$$

$$i_{67} = \frac{n_6}{n_7} = -\frac{z_7}{z_6}$$

$$i_{89} = \frac{n_8}{n_9} = -\frac{z_9}{z_8}$$

轮系的传动比 i 等于各级齿轮副传动比的连乘积，即

$$i = i_{12}i_{23}i_{45}i_{67}i_{89} = \frac{n_1}{n_2}\frac{n_2}{n_3}\frac{n_4}{n_5}\frac{n_6}{n_7}\frac{n_8}{n_9} = \left(-\frac{z_2}{z_1}\right)\left(-\frac{z_3}{z_2}\right)\left(+\frac{z_5}{z_4}\right)\left(-\frac{z_7}{z_6}\right)\left(-\frac{z_9}{z_8}\right)$$

$$= (-1)^m \frac{z_3 z_5 z_7 z_9}{z_1 z_4 z_6 z_8}$$

式中　m——轮系中外啮合圆柱齿轮副的数目。

上式说明，轮系的传动比等于轮系中所有从动齿轮齿数的连乘积与所有主动齿轮齿数的连乘积之比。

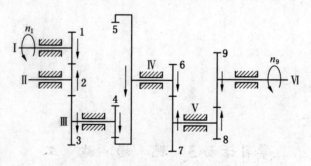

图 2-28　定轴轮系

关于齿轮的转向，应注意以下两点：

（1）$(-1)^m$ 在计算中表示轮系首末两轮回转方向的异同，计算结果为正，两轮回转方向相同；计算结果为负，两轮回转方向相反。但此判断方法，只适用于平行轴圆柱齿轮传动的轮系。

（2）当定轴轮系中有锥齿轮副、蜗杆副时，各级传动轴不一定平行，这时，不能使用 $(-1)^m$ 来确定末轮的回转方向，而只能使用标注箭头法，如图 2-29 所示。

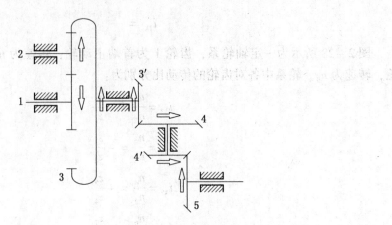

图 2-29　非平行轴圆柱齿轮传动轮系转向

学习活动 2　工作前的准备

【学习目标】

(1) 能认真听讲解，做好笔记。

(2) 能牢记安全注意事项，认识安全警示标志。

(3) 能按要求穿戴好劳动保护用品。

(4) 做好拆装前的准备工作。

一、工具

钢直尺、游标卡尺、活动扳手、套筒扳手、手锤等。

二、设备

减速器。

三、材料和资料

减速器使用说明。

学习活动 3　现 场 施 工

【学习目标】

(1) 能按要求穿戴好劳动保护用品。

(2) 能严格遵守机修厂安全规程。

(3) 能牢记安全注意事项，认识安全警示标志。

(4) 能严格按照操作规程熟练操作机修厂正在使用的减速器。

(5) 能合理维护及保养减速器。

(6) 能处理减速器的常见故障。

【建议课时】

6 课时。

一、减速器的拆卸

（1）仔细观察减速器外部结构。

（2）用扳手拆下观察孔盖板，检查观察孔位置是否恰当、大小是否合适。

（3）拆卸箱盖：

①用扳手拆卸上下箱体之间的连接螺栓，拆下定位销。将螺栓、螺钉、垫片、螺母和销钉放在盘中，以免丢失，然后拧动启盖螺钉使上下箱体分离，卸下箱盖。

②仔细观察箱体内各零部件的结构和位置。

③测量实验内容，了解所要求的尺寸。

④卸下轴承盖，将轴和轴上零件一起从箱内取出，按合理顺序拆卸轴上零件。

⑤绘制高速轴及其支承部件结构草图。

二、减速器的装配

按原样将减速器装配好，装配时按先内部后外部的合理顺序进行。装配轴套和滚动轴承时，应注意方向，注意滚动轴承的合理装拆方法，经指导教师检查合格后才能合上箱盖。注意退回启盖螺钉，并在装配上下箱盖之间螺栓前应先安装好定位销，最后拧紧各个螺栓。

学习任务三　常用机构的运行和维护

【学习目标】

(1) 能通过了解常用机构的应用，明确学习任务要求。

(2) 能根据任务要求和实际情况，合理制定工作（学习）计划。

(3) 能正确认识常用机构的结构及工作原理。

(4) 能正确理解常用机构的拆装注意事项。

【建议课时】

18 课时。

【工作情景描述】

在日常生产和生活中，机构广泛用于动力的传递或改变运动的形式。学会分析常用机构，了解它们的组成和运动特点，从而更好地服务实践。

子任务1　铰链四杆机构分析

【学习目标】

(1) 能通过阅读设备维护（保养）记录单和现场勘查，明确学习任务要求。

(2) 能根据任务要求和实际情况，合理制定工作（学习）计划。

(3) 能正确认识铰链四杆机构的结构和功能。

(4) 能熟练掌握铰链四杆机构的工作过程。

(5) 能正确操作铰链四杆机构。

【建议课时】

8 课时。

【工作情景描述】

缝纫机是服装生产中最基本的机械设备。家用缝纫机采用了各种各样的基本机构，比较典型的有连杆机构、凸轮机构等。本项目主要以家用缝纫机为例，通过对机身、机头的拆装，引导学生分析机构的组成、特性，使学生正确掌握连杆机构的常用知识和技能，提高学生的实践动手能力。

【工作流程与活动】

学习活动1　明确工作任务。

学习活动2　工作前的准备。

学习活动3　现场施工。

学习活动1　明确工作任务

【学习目标】

（1）能通过阅读设备维护（保养）记录单，明确学习任务、课时等要求。

（2）能准确记录工作现场的环境条件。

（3）能准确识别缝纫机的结构并掌握其功能。

【学习课时】

4课时。

一、明确工作任务

观察缝纫机的工作过程。

二、相关的理论知识

（一）铰链四杆机构的组成和基本形式

铰链四杆机构是由4个杆件通过铰链连接而成的传动机构，简称四杆机构。铰链，即转动副。用铰链连接的两构件可以绕着它转动。在日常生活中，门和家具上的合页是铰链的具体应用，如图3-1所示。

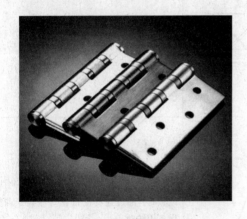

图3-1　合页

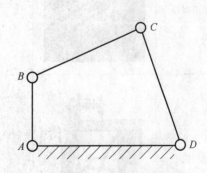

图3-2　铰链四杆机构结构简图

铰链四杆机构的结构简图（图3-2）中，小圆圈代表铰链，线段代表杆件，带短斜线的线段和两固定铰链之间的假想连线表示固定不动的杆件。

1. 铰链四杆机构各构件的名称

在铰链四杆机构中，固定不动的杆件 AD 称为机架，与机架 AD 相对的杆件 BC 称为连杆，与机架相连的杆件 AB 和 CD 称为连架杆。

在连架杆中，能绕机架做整周转动的连架杆叫做曲柄，不能做整周转动的连架杆叫做摇杆。

2. 铰链四杆机构的基本形式

在铰链四杆机构的两个连架杆中，可能两个都是曲柄或两个都是摇杆，也可能一个是

67

曲柄另一个是摇杆。根据曲柄存在形式的不同，铰链四杆机构分为曲柄摇杆机构、双曲柄机构和双摇杆机构三种基本形式。

（二）曲柄摇杆机构

1. 曲柄摇杆机构及其应用

在铰链四杆机构中，若一个连架杆为曲柄，另一个为摇杆，则此铰链四杆机构称为曲柄摇杆机构。曲柄摇杆机构的应用见表 3 - 1。

表 3 - 1　曲柄摇杆机构的应用

实　例	图　例	机构简图	机构运动分析
雷达天线俯仰机构			曲柄转动，通过连杆，使固定在摇杆上的天线做一定角度的摆动，以调整天线的俯仰角
汽车雨刮器			主动曲柄回转，从动连杆往复摆动，利用摇杆的延长部分实现刮水动作
缝纫机			踏板（相当于摇杆）为主动件，当脚踏踏板时，通过连杆使带轮（相当于曲柄）做整周转动

2. 曲柄摇杆机构的运动特性

1）急回运动

图 3 - 3 所示为一曲柄摇杆机构，其曲柄 AB 在转动一周的过程中，有两次与连杆 BC 共线。在这两个位置，铰链中心 A 与 C 之间的距离 AC_1 和 AC_2 分别为最短和最长，因而摇杆 CD 的位置 C_1D 和 C_2D 分别为其左右极限位置。摇杆在两极限位置间的夹角 ϕ 称为摇杆的摆角。

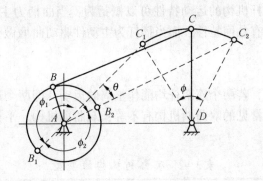

图 3-3　曲柄摇杆机构（一）

当曲柄由位置 AB_1 顺时针转到 AB_2 位置时，曲柄转角 $\phi_1 = 180° + \theta$，这时摇杆由左极限位置 C_1D 摆到右极限位置 C_2D，摇杆摆角为 ϕ；而当曲柄顺时针再转过角度 ϕ_2（$\phi_2 = 180° - \theta$）时，摇杆由位置 C_2D 摆回到位置 C_1D，其摆角仍然是 ϕ。虽然摇杆来回摆动的摆角相同，但对应的曲柄转角不等（$\phi_1 > \phi_2$），当曲柄匀速转动时，对应的时间也不等（$t_1 > t_2$），从而反映了摇杆往复摆动的快慢不同。令摇杆自 C_1D 摆至 C_2D 为工作行程，这时铰链 C 的平均速度是 $v_1 = C_1C_2/t_1$，摇杆自 C_2D 摆回至 C_1D 是其空回行程，这时 C 点的平均速度是 $v_2 = C_1C_2/t_2$，显然 $v_1 < v_2$，它表明摇杆具有急回运动的特性。例如，牛头刨床、往复式输送机等机械就是利用这种急回特性来缩短非生产时间、提高生产率的。

2）死点位置

图 3-4 所示的曲柄摇杆机构，如以摇杆为原动件，而曲柄为从动件，则当摇杆摆到极限位置 C_1D 和 C_2D 时，连杆与曲柄共线。若不计各杆的质量，则这时连杆施加给曲柄的力将通过铰链中心 A。此力对 A 点不产生力矩，因此不能使曲柄转动。机构的这种位置称为死点位置。

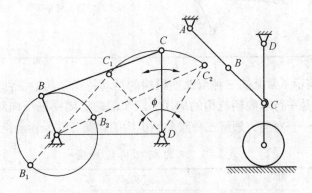

图 3-4　曲柄摇杆机构（二）

死点位置会使机构的从动件出现卡死或运动不确定现象，一般情况下要设法克服。在机械传动中，通常利用从动件本身或飞轮的惯性作用使机构通过死点位置。

在实际应用中，有许多场合是利用死点位置来工作的。如工件的自动夹紧机构、飞机起落架、折叠椅等。

综上所述，曲柄摇杆机构的运动特性可以概括为：当曲柄为主动件并做匀速转动时，摇杆做变速往复摆动且有急回特性；而当摇杆为主动件驱动曲柄做整周转动时，机构会出现两个死点位置。

（三）双曲柄机构

在铰链四杆机构中，若两个连架杆均能作整周的运动，即两个连架杆都是曲柄，则该机构称为双曲柄机构。常见的双曲柄机构有不等长双曲柄机构、平行双曲柄机构和反向双曲柄机构，见表3-2。

表3-2 双曲柄机构的类型

类 型	图 例	机构特点	运动特性
不等长双曲柄机构		两曲柄长度不相等	主动曲柄匀速运动时，从动曲柄做变速转动。无死点位置
平行双曲柄机构		连杆与机架的长度相等，两曲柄长度相等，并构成平行四边形	从动曲柄和主动曲柄的转动方向、转动速度都相同
反向双曲柄机构		连杆与机架的长度相等，两曲柄长度相等	从动曲柄和主动曲柄的转动方向相反，转动速度也不相同。无死点位置

表3-3分别演示了常见的三种双曲柄机构的运动特点。其中惯性筛是不等长双曲柄机构的应用，天平是平行双曲柄机构的应用，汽车门的启闭则是反向双曲柄机构的应用。在学习中，要注意一一对应，理解三种双曲柄机构的运动特性，领会机构运动的奥秘。

表3-3 双曲柄机构的应用

实 例	图 例	机构简图	机构运动分析
惯性筛			主动曲柄 AB 做匀速运动，从动曲柄 CD 做变速转动，通过构件 CE 使筛子产生变速直线运动，筛子内的物料因惯性而来回抖动

70

表3-3（续）

实 例	图 例	机构简图	机构运动分析
天平			利用平行双曲柄机构中两曲柄的转向和角速度均相同的特性，保证两天平盘始终处于水平状态
汽车门的启闭结构	车门开闭机构		两曲柄的转向相反，角速度不同。牵动主动曲柄AB的延伸端E，能使两扇门同时启闭

（四）双摇杆机构

在铰链四杆机构中，若两连架杆均为摇杆，则此铰链四杆机构称为双摇杆机构。

在双摇杆机构中，不论哪一个摇杆为主动构件，机构都有死点位置。在实际应用中，如果需要避免死点位置，应限制摇杆的摆动角度。另外，有时我们也可以应用双摇杆机构的死点位置来满足某项工作的要求，例如工件夹紧机构的应用。双摇杆机构的应用见表3-4。

表3-4 双摇杆机构的应用

实 例	图 例	机构简图	机构运动分析
电风扇的摇头装置			电风扇的摇头机构为双摇杆机构，当电动机输出轴蜗杆带动连杆AB转动时，带动两从动摇杆AD和BC做往复摆动，从而实现电风扇的摇头动作
起重机机构			当摇杆AB摆动时，摇杆CD随之摆动，可使吊在连杆BC上点E处的重物做近似水平移动，这样可以避免重物在平移时产生不必要的升降，减少能量的消耗
夹紧机构			把AB当做主动件，当连杆BC和从动件CD共线时，机构处于死点，夹紧反力对摇杆CD的作用力矩为零。这样，无论夹紧反力有多大，也无法推动摇杆CD而松开夹具。当用手扳动连杆BC的延长部分时，因主动件的转换破坏了死点位置而轻易地松开工件

（五）铰链四杆机构形式的判别

1. 铰链四杆机构中曲柄存在的条件

铰链四杆机构的三种基本类型的区别在于机构中是否存在曲柄，存在几个曲柄；机构中是否存在曲柄与各构件相对尺寸的大小以及哪个构件作机架有关。可以证明，铰链四杆机构中可能存在曲柄的杆长条件为：最短杆与最长杆长度之和不大于其余两杆长度之和。

2. 铰链四杆机构基本类型的判别方法

符合曲柄存在的杆长条件是：

（1）以最短杆作机架时是双曲柄机构；

（2）以最短杆的邻杆为机架时是曲柄摇杆机构；

（3）以最短杆的对杆为机架时是双摇杆机构。

不符合曲柄存在的杆长条件时，无论以哪一个杆件为机架，都只能形成双摇杆机构。

（六）曲柄滑块机构

在生产实际中，还广泛采用其他形式的四杆机构。其他形式的四杆机构一般都是通过改变铰链四杆机构某些构件的形状、相对长度或选择不同构件作为机架等方式演化而来的，如曲柄滑块机构就是由曲柄摇杆机构演化而来的。

图 3-5a 所示的铰链四杆机构中，摇杆 CD 的长度越大，C 点运动轨迹的曲率半径就越大。假设要求 C 点做直线运动，则摇杆 CD 的长度就是无穷大，这显然是不可能实现的。为了实现这一目的，在实际应用中可以根据需要制作一个导路，把 C 点做成一个与连杆铰接的滑块并使之沿导路运动，而不再专门做出 CD 杆。这就形成了曲柄滑块机构。

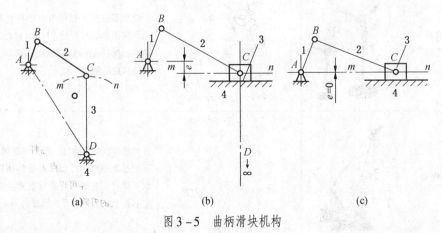

(a)　　　　　　　　　(b)　　　　　　　　　(c)

图 3-5　曲柄滑块机构

图 3-5b 所示为偏置曲柄滑块机构，导路与曲柄转动中心有一个偏距 e；图 3-5c 所示为对心曲柄滑块机构，导路与曲柄转动中心的偏距为 0。由于对心曲柄滑块机构结构简单，受力情况好，故在实际生产中得到广泛应用。因此，如果没有特别说明，我们所说的曲柄滑块机构即指对心曲柄滑块机构。

曲柄滑块机构广泛应用在活塞式内燃机、空气压缩机、冲床等机械中。表 3-5 为几种应用曲柄滑块机构的实例。

表3-5 曲柄滑块机构的应用

实 例	图 例	机构简图	机构运动分析
内燃机			内燃机中的曲柄滑块机构，可将滑块的往复直线运动转换为曲柄的旋转运动
压力机			压力机中的曲柄滑块机构，可将曲柄的旋转运动转换为滑块的往复直线运动
送料机			曲柄AB每转动一周，滑块C就从料槽中推出一个工件

学习活动2 工作前的准备

【学习目标】

（1）能通过阅读缝纫机说明书，掌握缝纫机的操作方法。

（2）掌握缝纫机实训设备的使用方法与注意事项。

一、工具

（1）大小螺丝刀各一把，大小扳手各一把，锤子一把。

（2）铅笔、橡皮、三角板（自备）。

二、设备

脚踏缝纫机一台。

三、材料和资料

缝纫机使用说明。

学习活动3 现场施工

【学习目标】

(1) 能按要求穿戴好劳动保护用品。

(2) 能严格遵守安全规程。

(3) 能牢记安全注意事项，认识安全警示标志。

(4) 能严格按照操作规程熟练操作缝纫机。

(5) 了解缝纫机的基本组成及各重要零部件的名称、功用。

(6) 熟悉缝纫机机身部分的结构及组成。

(7) 掌握四杆机构的基本形式及特性。

(8) 能合理维护及保养缝纫机。

一、具体操作

(1) 观察分析整个缝纫机。仔细观察，分析缝纫机的基本组成及其主要零部件。

(2) 分析机身部分组成、运动路线。轻踏缝纫机踏板，仔细观察机身部分运动过程，分析机身部分由几个机构组成。分析每个机构的结构组成及运动传递路线，记录每个机构的构件数目及运动副的种类、数目。

(3) 分析四杆机构的结构形式及运动特性。分析从踏板至下带轮机构的结构，掌握曲柄、摇杆的概念，教师引导学生掌握曲柄摇杆机构的死点位置、急回特性、传力特性。画出曲柄摇杆(踏板至下带轮) 机构的死点位置，标出死点压力角，并说明越过死点位置的方法。

(4) 拆装缝纫机。通过拆装机身部分，进一步了解缝纫机机身部分的结构。

二、注意事项

(1) 拆下的零件入柜，并摆放整齐有序，必要时可先局部装配。

(2) 要防止小零件丢失或漏装。

(3) 边思考边拆装。

(4) 动作要轻柔，不可损坏零件。

(5) 装配时每装一个零件都要检查配合处是否运动灵活。

子任务2 凸轮机构分析

【学习目标】

(1) 能通过阅读设备维护（保养）记录单和现场勘查，明确学习任务要求。

(2) 能根据任务要求和实际情况，合理制定工作（学习）计划。

(3) 能正确认识凸轮的结构和功能。

(4) 能熟练掌握凸轮机构的工作过程。

(5) 能正确操作凸轮机构。

【建议课时】

4 课时。

【工作情景描述】

在一些机械中，要求从动件的位移、速度和加速度必须严格地按照预定规律变化，此时可采用凸轮机构来实现。凸轮机构广泛用于各种机械和自动控制装置中。

【工作流程与活动】

学习活动 1　明确工作任务。

学习活动 2　工作前的准备。

学习活动 3　现场施工。

学 习 活 动 1　明 确 工 作 任 务

【学习目标】

(1) 能通过阅读设备维护（保养）记录单，明确学习任务、课时等要求。

(2) 能准确记录工作现场的环境条件。

(3) 能准确识别凸轮机构的结构并掌握其功能。

一、工作任务

发动机配气机构（内燃机配气机构）是按照发动机每一气缸内所进行的工作循环和点火顺序的要求，定时开启和关闭各气缸的进、排气门，使新鲜的可燃混合气（汽油机）或空气（柴油机）得以及时进入气缸，废气得以及时从气缸排出。在压缩与做功行程中，关闭气门保证燃烧室的密封。

二、相关理论知识

凸轮轴是一种什么样的零件？它是如何控制气门启闭的？图 3-6 所示为配气机构气门组简图。其中 1 为凸轮，2 为气阀杆，3 为导套，气门的开启和关闭都由凸轮来控制。分析凸轮轴是怎样控制气门的开启和关闭的，就需要我们掌握与凸轮有关的知识。

（一）凸轮和凸轮机构

凸轮是一种具有曲线轮廓或凹槽的构件，它通过与从动件的高副接触，在运动时可以使从动件获得连续或不连续的任意预期运动。

图 3-7 所示为自动车床走刀机构，其凸轮是一个具有凹槽的构件，凸轮回转时，从动件摆动，再通过扇形齿轮和齿条的啮合带动刀架移动。从图中可以看出，凸轮机构的基本构件包括凸轮 1、从动件 2 和刀架 3 三部分。

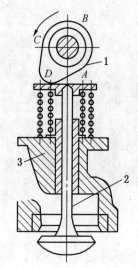

1—凸轮；2—气阀杆；3—导套

图 3-6　配气机构气门组简图

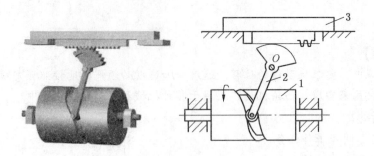

图 3 - 7　自动车床走刀机构

（二）凸轮机构的特点

凸轮机构是机械中的常用机构，特别是在自动化机械中，其应用更为广泛。

1. 凸轮机构的优点

凸轮机构结构简单、紧凑，只要设计出适当的凸轮轮廓曲线，就可以使从动件实现任意的预期运动。

2. 凸轮机构的缺点

凸轮机构是高副机构，不便于润滑，易于磨损，而磨损后会影响运动的准确性，因此只适用于传递动力不大的场合。而且，凸轮精度要求较高，制造较复杂，有时需要用数控机床进行加工。

（三）凸轮机构的分类

图 3 - 8 所示为各种各样的凸轮机构。

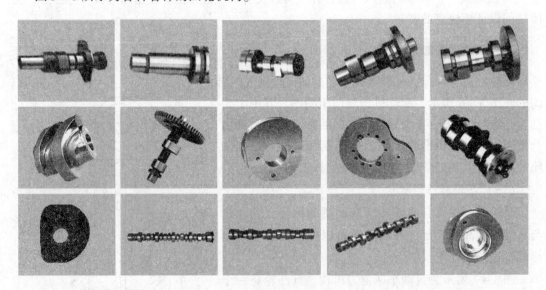

图 3 - 8　凸轮机构

凸轮机构的类型很多，按凸轮的形状分类可分为盘形凸轮、移动凸轮、圆柱凸轮；按从动件末端形状分类可分为尖顶从动件凸轮机构、滚子从动件凸轮机构、平底从动件凸轮机构；按从动件的运动形式分类可分为移动从动件凸轮机构、摆动从动件凸轮机构。凸轮机构的类型举例见表3－6。

表3－6　凸轮机构的类型举例

分类方法	类型	图例	特点
按凸轮形状分	盘形凸轮		盘形凸轮是一个绕固定轴线转动并具有变化半径的盘形零件。从动件在垂直于凸轮旋转轴线的平面内运动
	移动凸轮		移动凸轮可看作是盘形凸轮的回转中心趋于无穷远，相对于机架做直线往复移动
	圆柱凸轮		圆柱凸轮是一个在圆柱面上开有曲线凹槽或在圆柱端面上做出曲线轮廓的构件，它可以看作是将移动凸轮卷成圆柱体演化而成的
按从动件端部形状和运动形式分	尖顶从动件		构造最简单，但易磨损，只适用于作用力不大和速度较低的场合
	滚子从动件		滚子与凸轮轮廓之间为滚动摩擦，磨损较小，故可用来传递较大的动力，应用较广
	平底从动件		凸轮与平底的接触面间易形成油膜，润滑较好，常用于高速传动中

　　以上介绍了凸轮机构的几种分类方法。将不同类型的凸轮和从动件组合起来，就可以得到各种不同形式的凸轮机构。在凸轮机构中，盘形凸轮和移动凸轮与从动件之间的相对运动为平面运动，属于平面凸轮机构。圆柱凸轮与从动件之间的相对运动为空间运动，属

于空间凸轮机构。

凸轮机构的常用机构见表3-7。

表3-7 凸轮机构的常用机构

类 型	说 明	图 例
凸轮轴	凸轮基圆较小时，凸轮和轴做成一体。这种凸轮结构紧凑，工作可靠	
整体式凸轮	用于凸轮尺寸小且无特殊要求或不经常拆装或更换的场合	
镶块式凸轮	用于经常更换凸轮的场合	
组合式凸轮	用螺栓将凸轮和轮毂连成一体，可以方便地调整凸轮与从动件起始的相对位置，用于大型低速凸轮机构中	

学习活动2 工作前的准备

【学习目标】

(1) 能通过阅读凸轮机构，掌握凸轮机构的操作方法。

(2) 掌握凸轮机构实训设备的使用方法与注意事项。

一、工具

(1) 常用工具和专用工具4套。

(2) 发动机拆装翻转架或拆装工作台4套。

(3) 清洗用料、油盘、搁架等若干。

二、设备

(1) 桑塔纳发动机2台。

（2）EQ6100 - 1 型发动机2台。

三、材料和资料

设备使用说明。

学习活动3　现　场　施　工

【学习目标】

（1）能按要求穿戴好劳动保护用品。

（2）能严格遵守安全规程。

（3）能牢记安全注意事项，认识安全警示标志。

（4）熟悉顶置气门式配气机构的组成，气门组和气门传动组各主要机件的构造、作用与装配关系。

（5）掌握正确的拆装步骤、方法和要求。

【建议课时】

2课时。

一、配气机构的拆装

（1）塔纳发动机配气机构的拆装。

（2）EQ6100 - 1 型发动机配气机构的拆装。

二、配气机构功用简介

配气机构的功用是按照发动机每一气缸内所进行的工作循环和发火次序的要求，定时开启和关闭各气缸的进、排气门，使新鲜充量得以及时进入气缸，废气得以及时从气缸排出；在压缩与膨胀行程中，保证燃烧室的密封。新鲜充量对于汽油机而言是汽油和空气的混合气，对于柴油机而言是纯空气。

三、实训方法及步骤（以 EQ6100 - 1 型发动机为例）

1. 气门组的拆卸

（1）从发动机上拆去与燃料供给系、点火系等有关的部件。

（2）拆卸前、后气门室及摇臂机构，取出推杆。

（3）拆下气缸盖。

（4）用气门弹簧钳拆卸气门弹簧，依次取出锁片、弹簧座、弹簧和气门。锁片应用尖嘴钳取出，不得用手取出。将拆下的气门做好相应标记，按顺序放置。

（5）解体摇臂机构。

2. 气门传动组的拆卸

（1）拆下油底壳、机油泵及其传动机件。

（2）拆卸挺柱室盖及密封垫，取出挺柱并依缸按顺序放置，以便对号安装。（CA6102型发动机挺柱装在挺柱导向体中，导向体可拆卸，拆装时必须注意装配标记）

79

（3）拆下起动爪，用拉器拆卸带轮。

（4）拆下正时齿轮盖及衬垫。

（5）检查正时齿轮安装记号，如无记号或记号不清楚，应做出相应的装配记号（一缸活塞位于压缩行程上死点时）。

（6）拆下凸轮轴推力凸缘固定螺钉，平稳地将凸轮轴抽出（正时齿轮不可拆卸）。

3. 配气机构的安装

（1）安装前各部件应保持清洁并按顺序放好。

（2）安装凸轮轴：先装上正时齿轮室盖板，润滑凸轮轴轴颈和轴承，转动曲轴，在第一缸压缩上死点时，对准凸轮轴正时齿轮和曲轴正时齿轮上的啮合记号，平稳地将凸轮轴装入轴承孔内；紧固推力凸缘螺钉，再转动曲轴，复查正时齿轮啮合情况并检查凸轮轴轴向间隙；最后堵上凸轮轴轴承座孔后端的堵塞（堵塞外圆柱面应均匀涂上硝基胶液）。

（3）安装气门挺柱。安装挺柱时，挺柱应涂以润滑油并对号入座。挺柱装入后，应能在挺柱孔内均匀自由地上下移动和转动。

（4）装复正时齿轮室盖、曲轴带轮及起动爪。

（5）装复机油泵机及其附件，装复油底壳。

（6）气门组的装配。润滑气门杆，按记号将气门分别装入气门导管内，然后翻转缸盖，装上气门弹簧、挡油罩和弹簧座。用气门弹簧钳子分别压紧气门弹簧，装上锁片（锁片装入后应落入弹簧座孔中，并使两瓣高度一致，固定可靠）。

（7）安装气缸盖。

（8）装配摇臂机构。摇臂机构的安装步骤及注意事项如下：

①对摇臂、摇臂轴、摇臂轴支座等要清洗干净，并检查这些机件的油孔是否畅通。

②在摇臂轴涂上润滑油，按规定次序将摇臂轴支座、摇臂、定位弹簧等装在摇臂轴上。安装时，EQ6100-1 型发动机摇臂轴上的油槽要向下，出油孔向上偏发动机左侧，即进排气道一侧，如装反则会造成摇臂机构润滑不良。

③将推杆放入挺柱凹座内，拧松摇臂上的气门间隙调整螺钉，以免固定支座螺栓时把推杆压弯。然后固定摇臂机构，自中间向两端固定，要达到规定的拧紧力矩。EQ6100-1 型发动机摇臂轴支座的拧紧力矩为 29～39 N·m；CA6102 型发动机摇臂轴支座的拧紧力矩中间为 29～30 N·m，两端为 20～30 N·m。

④支座固定后，摇臂应能转动灵活。

（9）装复汽油泵、分电器等发动机外部有关机件。

子任务 3 其他常用机构分析

【学习目标】

（1）能通过阅读设备维护（保养）记录单和现场勘查，明确学习任务要求。

（2）能根据任务要求和实际情况，合理制定工作（学习）计划。

（3）能正确认识其他常用机构的结构和功能。

（4）能熟练掌握其他常用机构的工作过程。

（5）能正确操作其他常用机构。

【学习课时】

6 课时。

【工作任务描述】

你碰到过自行车变速齿轮组变挡不到位或意外变挡的情况吗？许多人遇到过这种问题，但是不敢去修它，害怕越修越坏。下面介绍如何通过调整变速器使你的自行车正确变挡。

【工作流程与活动】

学习活动1　明确工作任务。
学习活动2　工作前的准备。
学习活动3　现场施工。

学 习 活 动 1　明 确 工 作 任 务

【学习目标】

（1）能通过了解变速机构、变向机构和间歇运动机构的应用，明确学习任务、课时等要求。
（2）能准确叙述变速机构、变向机构和间歇运动机构的结构和工作原理。
（3）能熟练掌握变速机构、变向机构和间歇运动机构的类型和应用。

一、工作任务

变速自行车是通过调整前后齿轮的速比来实现车速的调整的。以一辆27速的车为例，前面有3片齿轮（28、38、48），后面有9片飞轮（11~34），当前面齿轮调到最大一片后面飞轮调到最小一片时，此时的速比最大（48/11＝4.36），车速最高，即轮盘转动一圈，车轮转动4.36圈，此时适合平路或者下坡路使用；如果是上坡或者为了省力，则需改变速比关系，即前面调到小的齿轮上，后面调到较大齿数的飞轮上（如28/34＝0.82），这样则可增大扭矩，同时也省力。

二、相关理论知识

以铣床主轴传动系统为例进行介绍。
铣床是用铣刀对工件进行切削加工的机床。图3-9所示为X6132型万能升降台铣床。在铣床上可以加工平面（水平面、垂直面）、沟槽（键槽、T形槽、燕尾槽等）、多齿零件的齿槽（齿轮、链轮、棘轮、花键轴等）、螺旋形表面及各种曲面。在进行铣削加工时，需要根据不同的加工条件对主轴的回转速度（主运动速度）进行调整。在铣床上，这项工作是由主轴传动系统来完成的。
铣床主轴传动系统由电动机经一个多级变速箱（主轴变速机构）带动主轴运动。电动机转速是恒定的，经变速箱变速后使主轴能有多种转速。
X6132型万能升降台铣床的主轴转速有18种，机床工作台上有纵向、横向、垂直3个方向上的进给运动，并可手动调整。这就需要用到变速机构和换向机构。

图 3-9　X6132 型万能升降台铣床

在输入轴转速不变的条件下，使输出轴获得不同转速的传动装置称为变速机构；在输入轴转向不变的条件下，使输出轴获得不同转向的传动装置称为换向机构。像铣床、汽车、起重机等机械都需要变速机构和换向机构。

（一）变速机构

变速机构分为有级变速机构和无级变速机构。

1. 有级变速机构

有级变速机构是在输入转速不变的条件下，使输出轴获得数量一定的转速级数，可以实现在一定转速范围内的分级变速。常用的有级变速机构有滑移齿轮变速机构、塔齿轮变速机构、倍增速变速机构和拉键变速机构，见表 3-8。

表 3-8　有级变速机构的常用类型

类　型	工　作　简　图	特　点
滑移齿轮变速机构	3、4 挡同步器　换挡叉　换挡杆 1、2 挡同步器　5 挡、倒挡同步器 发动机动力　至差速器 动力输入轴　动力输出轴 主动轴　倒挡中间齿轮 1 挡主动齿轮　倒挡主动齿轮	具有变速可靠、传动比准确等优点，但零件种类和数量多，变速有噪声

表3-8（续）

类　型	工作简图	特　点
塔齿轮变速机构	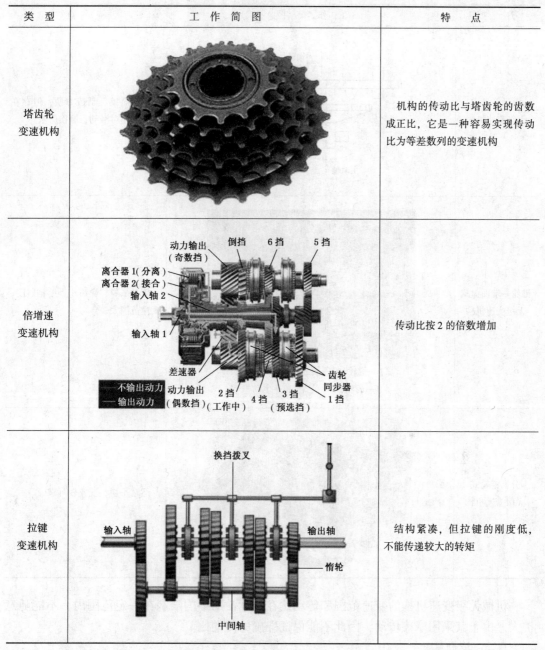	机构的传动比与塔齿轮的齿数成正比，它是一种容易实现传动比为等差数列的变速机构
倍增速变速机构		传动比按2的倍数增加
拉键变速机构		结构紧凑，但拉键的刚度低，不能传递较大的转矩

2. 无级变速机构

机械式无级变速机构主要利用摩擦轮（摩擦盘、球、环等）的传动原理，通过改变主动件和从动件的传动半径，使输出轴的转速在一定范围内无级变化。它具有结构简单、运转平稳、易于平缓连续地变速，能更好地适应各种机械的工况要求等优点。其缺点是：承受过载和冲击的能力较差，且不能满足严格的传动比要求。无级变速机构的常用类型见表3-9。

表 3 – 9 无级变速机构的常用类型

类　型	工 作 简 图	特　点
滚子平盘式 无级变速机构	滚轮　从动轴 主动轴　x	结构简单、制造方便，但存在较大的相对滑动，磨损严重
锥轮—端面盘式 无级变速机构	3　2　1　5　6　4 1—锥轮；2—端面盘；3—齿条； 4—齿轮；5—支架；6—电动机	传动平稳，噪声小，结构紧凑，变速范围大
分离锥轮式 无级变速机构		运动平稳，变速较可靠

　　机械无级变速机构的变速范围和传动比在实际使用中均限制在一定范围内，不能随意扩大。由于其采用摩擦传动，因此不能保证准确的传动比。

　　(二) 换向机构

　　机械在使用过程中，除了变速外，有时还要实现换向的要求。例如，汽车、拖拉机等机械设备不仅能前进而且能倒退，机床主轴既能正转也能反转。这些运动形式的改变通常是由换向机构来完成的。

　　换向机构是在输入轴转向不变的条件下，使输出轴转向改变的机构。其常见类型有三星轮换向机构和离合器锥齿轮换向机构，见表 3 – 10。

表3-10　常见换向机构类型

类　型	工 作 简 图	特　点
三星轮换向机构	主动齿轮 惰轮1　惰轮2 三星齿板 Ⅲ Ⅱ Ⅰ 从动齿轮	三星轮换向机构是利用惰性轮来实现从动轴回转方向的变换的
离合器锥齿轮换向机构	Ⅰ 1 Ⅱ　4　3　2　Ⅱ 1—主动锥齿轮；2、4—从动锥齿轮；3—离合器	主动锥齿轮1与空套在轴Ⅱ上的从动锥齿轮2、4啮合，离合器3与轴Ⅱ以花键连接。当离合器向左移动与轮4接合时，从动轴的转向与轮4相同；当离合器向右移动与轮2接合时，从动轴的转向与轮2相同

（三）棘轮机构

1. 棘轮机构的组成与工作原理

棘轮机构主要由棘轮、主动棘爪、止退棘爪和机架等组成，如图3-10所示。当主动摇杆逆时针摆动时，摇杆上铰接的主动棘爪插入棘轮的齿内，推动棘轮同向转动一定角度。当主动摇杆顺时针摆动时，止退棘爪阻止棘轮反向转动，此时主动棘爪在棘轮的齿背上滑回原位，棘轮静止不动。这样，当摇杆做连续摆动时，棘轮就做单向的间歇运动。弹簧使止退棘爪压紧齿面，保证止退棘爪工作可靠。

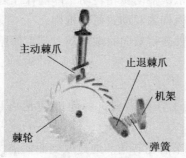

图3-10　棘轮机构

2. 棘轮机构的类型和特点

棘轮机构的类型很多，按照工作原理可分为齿啮式和摩擦式，按结构特点可分为外接式和内接式。齿啮式棘轮机构常用类型见表3-11。

表 3-11　齿啮式棘轮机构常用类型

类　　型		工　作　简　图	特　　点
外啮合式	单动式棘轮机构		单动式棘轮机构有一个驱动棘爪，当主动件按某一方向摆动时，才能推动棘轮转动
	双动式棘轮机构		双动式棘轮机构有两个驱动棘爪，当主动件做往复摆动时，两个棘爪交替带动棘轮沿同一方向做间歇运动
	可变向式棘轮机构		可变向式棘轮机构可改变棘轮的运动方向
内啮合式	内啮合式棘轮机构		自行车后轴上安装的飞轮机构为内啮合式棘轮机构。自行车下坡时，链轮不动，但后轴由于惯性仍按原方向飞速转动，自行车继续前行

其中，双动式棘轮机构是在主动摆杆上安装两个主动棘爪，在摆杆向两个方向往复摆动的过程中分别带动两棘爪，依次推动棘轮转动，即摆杆往复摆动一次，棘爪推动棘轮间歇地转动两次，所以称此棘轮机构为双动式棘轮机构。

可变向棘轮机构可使从动件获得双向间歇运动。其工作原理是变换棘爪相对棘轮的位置，实现棘轮的变向。

3. 棘轮转角的调节

在棘轮机构中，根据机构工作的需要，棘轮的转角可以进行调节，常用的方法有两种：

（1）改变摇杆摆动角度调节棘轮转角。通过改变曲柄摇杆机构曲柄长度的方法来改变摇杆摆动角度的大小，从而实现棘轮转角大小的调节，如图 3-11 所示。

（2）用遮板调节棘轮转角。在棘轮外部罩一遮板，改变遮板位置以遮住部分棘轮，可使行程的一部分在遮板上滑过，棘爪不与棘齿接触，从而改变棘爪推动棘轮的实际转角的大小，如图 3-12 所示。

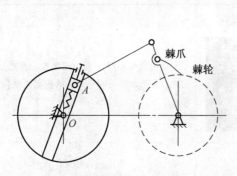 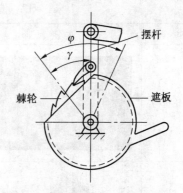

图 3-11　改变摇杆摆动角度调节棘轮转角　　图 3-12　用遮板调节棘轮转角

（四）槽轮机构

1. 槽轮机构的组成与工作原理

图 3-13 所示为电影放映机卷片机构。放电影时，胶片以每秒 24 张的速度通过镜头，每张画面在镜头前有一短暂停留，通过视觉暂留而获得连续的场景。这一间歇运动由槽轮机构实现。

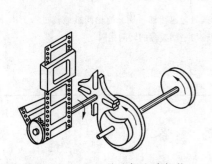 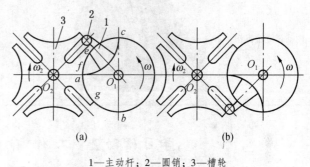

1—主动杆；2—圆销；3—槽轮

图 3-13　电影放映机卷片机构　　图 3-14　单圆销外啮合槽轮机构

图 3-14 所示的槽轮机构由主动杆 1、圆销 2 和槽轮 3 及机架等组成。主动杆做逆时针等速连续转动，在主动杆上的圆销进入径向槽之前（图 3-14a），槽轮的内凹锁止弧被主动杆的外凸弧锁住而静止；当圆销开始进入槽轮径向槽时，两锁止弧脱开，圆销推动槽轮沿顺时针转动；当圆销开始脱离径向槽时（图 3-14b），槽轮因另一锁止弧又被锁住而静止。因此主动杆每转一圈，从动槽轮做一次间歇运动。

2. 槽轮机构的特点

槽轮机构结构简单，工作可靠，机械效率较高，在进入和脱离接触时运动比较平稳，能准确控制转动的角度。但槽轮的转角不能调节，只能用于定转角的间歇运动机构中，如自动机床、电影机械、包装机械等。另外，与棘轮机构相比，槽轮的角速度不是常数，在启动和停止时加速度变化大，因而惯性力也较大，故不适用于转速过高的场合；槽轮机构的结构要比棘轮机构复杂，制造与加工精度要求比较高。

3. 槽轮机构的类型

槽轮机构常用类型见表 3-12。

表 3-12　槽轮机构常用类型

类　型	工作简图	特　点
单圆销外槽轮机构		主动拨盘每回转一周，圆销拨动槽轮运动一次，槽轮静止不动的时间很长。槽轮与主动拨盘的转向相反
双圆销外槽轮机构		主动拨盘每回转一周，槽轮运动两次，减少了静止不动的时间。槽轮与主动拨盘的转向相反
内啮合槽轮机构		主动拨盘匀速转动一周，槽轮间歇地转过一个槽口。槽轮与主动拨盘的转向相同

学习活动2　工作前的准备

【学习目标】

（1）能认真听讲解，做好笔记。
（2）能牢记安全注意事项，认识安全警示标志。
（3）能按要求穿戴好劳动保护用品。
（4）做好操作前的准备工作。

一、工具

十字改锥等。

二、设备

山地自行车。

三、资料与材料

自行车说明书。

学习活动3　现　场　施　工

【学习目标】

（1）能按要求穿戴好劳动保护用品。

（2）能严格遵守安全操作要求。

（3）能熟练掌握本活动安全知识，并能按照安全要求进行操作。

（4）能正确对山地自行车进行变速操作，通过这项操作使学生对山地自行车的变速原理有初步认识。

（5）通过拆装山地自行车，锻炼动手能力和独立分析问题、解决问题的能力，培养团队合作精神。

一、具体操作

（1）将挡位放到最低速的飞轮上（最靠近辐条的最大的齿轮）。

（2）查看后面的齿轮，确保飞轮不会碰到变速器导向轮（顶轮）。如果碰到了，在骑车时就会发出巨大的噪声。

①如果飞轮与导向轮接触了，调节变速器校准螺钉，在顺时针方向增加张力，调节到导向轮和飞轮分开至少几毫米。

②如果飞轮离导向轮太远，则松开校准螺钉，直到它们接触，然后再上紧螺钉，直到它们离开几毫米。

（3）在最高挡位上（最小齿轮），感觉变速线的张力。如果有张力（变速线绷紧，不松弛），则需调整变速线调节器，顺时针方向旋转至变速线没有张力。这是一项很重要的准备工作。

（4）换挡到最高挡位，从后面观察链条骑在最小齿轮上的情况。如果链条看上去像要脱出最小齿轮落到轴上，则顺时针方向上紧"H"限制螺钉，直到链条看上去在中间。类似地，如果链条看上去像是擦着旁边的齿轮，则放松"H"螺钉。确认调整的是正确的螺钉，在转动螺钉的时候仔细查看变速器，在正确调整限制螺钉时，变速器应该移动一点儿。随后重新调整变速线张力，直到换挡平滑。

（5）换挡到最低速齿轮，确认链条不会掉出飞轮。与上面的步骤类似，观察链条骑在齿轮上的情况（这次要观察的是最大的齿轮）。如果链条看上去偏向辐条，则顺时针方向上紧"L"限制螺钉。如果看上去要向下变挡，则放松"L"螺钉。然后在所有挡位上变换，进行检查。

（6）从两个方向在所有挡位上变速，以判断换挡是否正常。如果在减挡时有问题（向更大齿轮换挡时，链条抱着较小的齿轮），则通过拧出张力螺钉（逆时针方向）来增加变速线张力，一次拧一小点，直到可以正确换挡。如果在增挡时有问题（向更小的齿轮换挡时，链条黏着更大的齿轮），则少量放松变速线的张力（顺时针方向）。

（7）润滑螺钉和枢轴。用专用的链条润滑油润滑链条，以避免不灵活的链条节影响换挡，并保证其有足够的驱动力。

二、注意事项

（1）在一些自行车上"H"和"L"限制螺钉的位置是反的。

（2）调整的量应该是四分之一圈。

（3）要检查确认变速器支架（把变速器连接到车架的东西）没有弯。如果弯了的话，在调整变速器之前一定要把它弄直。擦去多余的润滑油，以免吸附灰尘。

（4）调整变速器失败可能会导致链条脱出，损坏车架并有可能使变速器与后轮搅在一起。

学习任务四 轴系零件的安装与维护

【学习目标】

(1) 能通过了解轴的应用，明确学习任务要求。

(2) 能根据任务要求和实际情况，合理制定工作（学习）计划。

(3) 能正确认识轴系零件的组成和应用。

(4) 能熟练掌握轴系零件的安装。

(5) 能正确理解常用轴系零件的应用。

(6) 能主动获取有效信息、展示工作成果，对学习与工作进行总结反思。

(7) 能与他人合作，进行有效沟通。

【建议课时】

18 课时。

【学习任务描述】

学生在了解减速器中轴系零件的基础上，动手操作减速器，并进行日常保养以及常见故障检修。要求了解车间的环境要素、设备管理要求以及安全操作规程，养成正确穿戴工装和劳动防护用品的良好习惯，学会按照现场管理制度清理场地，归置物品，并按环保要求处理废弃物。

子任务 1 齿轮轴的拆装

【学习目标】

(1) 能通过了解轴和轴承的应用，明确学习任务要求。

(2) 能正确认识轴和轴承的组成和应用。

(3) 能熟练掌握齿轮轴和轴承的安装。

(4) 能正确理解常用齿轮轴和轴承的维护。

【建议课时】

10 课时。

【工作情境描述】

减速器的应用特别广泛，因此它的日常维护非常重要。轴是减速器中最基本、最重要的零件之一，它的主要功用是支撑回转零件（如齿轮、带轮等）、传递运动和动力。

【工作流程与活动】

学习活动 1 明确工作任务。

学习活动 2 工作前的准备。

学习活动3 现场施工。

学习活动1 明确工作任务

【学习目标】

(1) 能通过了解减速器传动轴的应用，明确学习任务、课时等要求。

(2) 能准确叙述减速器传动轴的组成和各部分之间的联系。

(3) 能准确说出传动轴的用途。

【学习课时】

6 课时。

一、工作任务

给学生展示减速器传动轴的相关图片，通过查阅资料使学生了解它的具体应用，引导学生分析它的组成及各组成部分的特点和功能。

二、相关理论知识

以减速器传动轴为例进行介绍。

(一) 分析输出轴

1. 轴的类型

我们经常根据轴线形状和承载情况对轴进行分类。

根据轴线形状的不同，轴可以分为直轴、曲轴和挠性钢丝软轴（简称挠性轴）。轴的主要类型及应用特点见表4-1。

表4-1 轴的主要类型及应用特点

轴的类型		图 例	应 用 特 点
直轴	光轴		光轴形状简单，加工容易，应力集中源较少，轴上零件不易装配及定位，如自行车心轴等
	阶梯轴		阶梯轴加工复杂，应力集中源较多，容易实现轴上零件装配及定位，如减速器中的轴等
曲轴			曲轴常用于将回转运动转变为直线往复运动，主要用于各类发动机中
挠性钢丝软轴（挠性轴）			适用于连续振动的场合，具有缓减冲击的作用。常用于医疗器械和电动手持小机具中

根据承载情况的不同，直轴又可以分为心轴、传动轴和转轴三类，见表4－2。

表4－2　心轴、传动轴和转轴的承载情况及应用特点

轴的类型		图　例	应　用　特　点
心轴	转动心轴		工作时只承受弯矩，起支承作用
	固定心轴		
传动轴			工作时只承受扭矩，不承受弯矩或承受很小的弯矩，仅起传递动力的作用
转轴			工作时既承受弯矩又承受扭矩，既起支承作用又起传递动力的作用，是机器中常用的一种轴

2. 轴的结构

1）轴的结构要求

如图4－1所示，轴与轴承配合的部位称为轴颈；与齿轮、联轴器等其他回转零件配合的部位称为轴头；连接轴颈和轴头的部分称为轴身。

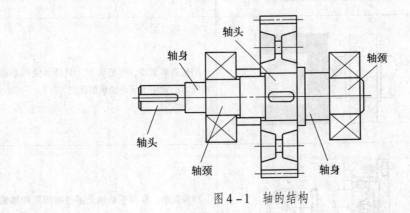

图4－1　轴的结构

轴的结构应满足以下要求：轴上零件有准确可靠的固定；具有良好的制造工艺性，便于加工；便于轴上零件的装拆和调整；有利于提高轴的强度和刚度，节约材料，减轻重量。

93

2）轴上零件的轴向固定

我们已经知道了轴上零件的周向固定方法。为保证轴上零件具有准确的工作位置，还要对轴上零件进行轴向固定。轴向固定的目的是为了保证零件在轴上有确定的轴向位置，防止零件做轴向移动，并能承受轴向力。轴上零件的轴向固定方法及应用见表4－3。

表4－3　轴上零件的轴向固定方法及应用

类　型	固定方法及简图	结构特点及应用
圆螺母		固定可靠，拆装方便，可承受较大的轴向力，能调整轴上零件之间的间隙。为防止松脱，必须加止动垫圈或使用双螺母
轴肩与轴环	轴肩　　轴环	结构简单，定位可靠，能承受较大的轴向力，广泛用于各种轴上零件的定位
套筒	套筒	结构简单，定位可靠，适用于轴上零件间距离较短的场合，当轴的转速很高时不宜采用
轴端挡圈		工作可靠，结构简单，可承受剧烈振动和冲击载荷。使用时，应采取加止动垫片、防转螺钉等防松措施
弹性挡圈		结构简单紧凑，拆装方便，只能承受很小的轴向力，常用于滚动轴承的固定
轴端挡板		结构简单，常用于心轴上零件的固定和轴端固定

表4-3（续）

类型	固定方法及简图	结构特点及应用
紧定螺钉与挡圈		结构简单，同时起轴向固定作用，但承载能力较低，且不适用于高速场合
圆锥面		能消除轴与轮毂间的径向间隙，拆装方便。适用于有冲击载荷和对对中性要求较高的场合，常用于轴端零件的固定

3）轴上零件的周向固定

轴上零件的周向固定的目的是保证轴能可靠地传递运动和转矩，防止轴上零件与轴产生相对转动。轴上零件的周向固定方法及应用见表4-4。

表4-4　轴上零件的周向固定方法及应用

类型	固定方法及简图	结构特点及应用
平键连接		加工容易，拆装容易，但轴向不能固定，不能承受轴向力
花键连接		具有接触面积大、承载能力强、对中性和导向性好等特点，适用于载荷较大、定心要求高的静、动连接。加工工艺较复杂
销钉连接		轴向、径向都可以固定，常用作安全装置，过载时可被剪断。不能承受较大载荷

表 4 - 4 (续)

类 型	固定方法及简图	结构特点及应用
紧定螺钉		紧定螺钉端部拧入轴上凹坑实现固定。结构简单，不能承受较大载荷，只适用于辅助连接
过盈配合		同时有轴向和径向固定作用，对中精度高，选择不同的配合有不同的连接强度。不适用于重载和经常拆装的场合

（二）减速器的轴承

轴承的功用是支撑转动的轴及轴上零件。根据轴承与轴的工作表面之间摩擦性质的不同，轴承分为滑动轴承和滚动轴承。

1. 滚动轴承

与滑动轴承相比，滚动轴承启动灵敏，运转时摩擦因数小、效率高，润滑方便，易于更换，轴承间隙可预紧、调整，但抗冲击能力差。滚动轴承已标准化，由专业制造厂批量生产供应，在机械设备中应用较广。对使用者来说，只需要根据机械设备的具体工作情况按标准合理选用即可。

1）滚动轴承的结构和类型

（1）滚动轴承的结构。滚动轴承主要由内圈、外圈、滚动体和保持架组成，其结构如图 4 - 2 所示。内圈的外表面和外圈的内表面制有凹槽，叫做滚道。内圈装在轴颈上并和轴形成过盈配合，运转时和轴一起转动；外圈装在机座的轴承孔内，一般采用过渡配合。

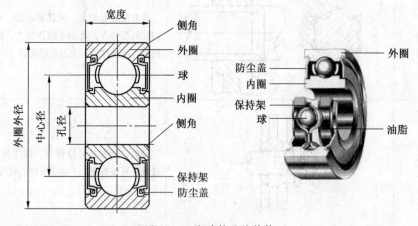

图 4 - 2   滚动轴承的结构

保持架用来隔开两相邻滚动体，以减少它们之间的摩擦。当内外圈相对旋转时，滚动体沿滚道滚动，从而形成滚动摩擦。滚动体是滚动轴承必不可少的元件，常见的滚动体有球、圆柱滚子、圆锥滚子、球面滚子和滚针等。

（2）滚动轴承的类型。滚动轴承的分类方法很多。按滚动体的种类可分为球轴承和滚子轴承，按所能承受载荷的方向可分为向心轴承（只能承受径向载荷）、推力轴承（只能承受轴向载荷）、向心推力轴承（能同时承受径向载荷和轴向载荷，又称角接触轴承）。此外，还可以按能否自动调心等标准进行分类。

2）常用滚动轴承的类型

常用滚动轴承的类型和特性见表4-5。

表4-5　常用滚动轴承的类型和特性

轴承名称	结构图	结构简图	承载方向	类型代号	基本特性
调心球轴承				1	主要承受径向载荷，同时也能承受少量轴向载荷。因为外滚道表面是以轴承中点为中心的球面，故能调心
调心滚子轴承				2	能承受较大的径向载荷和少量轴向载荷。承载能力大，具有调心性能
推力调心滚子轴承				2	可以承受很大的轴向载荷和不大的径向载荷，适用于重载
圆锥滚子轴承				3	能同时承受较大的径向载荷和轴向载荷，成对使用
双列深沟球轴承				4	主要承受径向载荷，也能承受一定的双向轴向载荷

表 4-5（续）

轴承名称		结构图	结构简图	承载方向	类型代号	基本特性
推力球轴承	单向				5	只能承受单向轴向载荷，适用于轴向载荷大、转速不高的场合
	双向				5	可承受双向轴向载荷，适用于轴向载荷大、转速不高的场合
深沟球轴承					6	承受径向载荷，摩擦阻力小，极限转速高，结构简单，价格便宜，应用广泛
角接触球轴承					7	能承受径向载荷与轴向载荷，适用于转速较高，同时承受径向载荷和轴向载荷的场合
推力圆柱滚子轴承					8	能承受很大的单向轴向载荷，不允许有偏差
圆柱滚子轴承					N	外圈无挡边，只能承受纯径向载荷。承受冲击载荷能力强，极限转速较低

3）滚动轴承的润滑与密封

润滑的主要目的是减小摩擦与磨损。滚动接触部位形成的油膜，还有吸收振动、降低工作温度等作用。密封的目的是防止灰尘、水分等进入轴承，并阻止润滑剂的流失。

（1）滚动轴承的润滑。滚动轴承的润滑剂有润滑脂、润滑油和固体润滑剂三种。一般情况下，滚动轴承采用润滑脂润滑。润滑脂是一种黏稠的凝胶状材料，能承受较大的载荷，而且不易流失，便于密封和维护，一次充脂可以维持较长时间，无需经常补充或更换。其缺点是不适宜在高速条件下工作。油润滑的优点是比脂润滑摩擦阻力小，并能散热，适用于高速或工作温度较高的轴承，特别是在轴承附近已经具有润滑油源时（如减速箱内本来就有润滑齿轮用的润滑油），更宜采用油润滑。

（2）滚动轴承的密封。滚动轴承密封方法的选择与润滑的种类、工作环境、温度、密封表面的圆周速度有关。密封方法可分两大类：接触式密封和非接触式密封，见表4－6。

表4－6　滚动轴承常用密封方法

类	型	图 例	适用场合	说 明
接触式密封	毛毡圈密封		用于脂润滑。要求环境清洁，工作温度不高于90 ℃	矩形断面的毛毡圈被安装在梯形槽内，它对轴产生一定的压力而起到密封作用
	皮碗密封		用于脂润滑或油润滑。要求工作温度不高于100 ℃，轴颈圆周速度小于7 m/s	皮碗是标准件，主要材料为耐油橡胶。安装时皮碗密封唇朝里，防止泄漏；密封唇朝外，防止灰尘入侵
非接触式密封	间隙密封		用于脂润滑。要求环境干燥、清洁	靠轴与轴承盖之间的细小间隙密封，间隙越小越长，效果越好，间隙一般取0.1～0.3 mm，油沟能增强密封效果
	曲路密封 径向		用于脂润滑或油润滑。要求密封效果可靠	将旋转件与静止件之间的间隙做成曲路形式，在间隙中填充润滑油或润滑脂以增强密封效果
	曲路密封 轴向			

4）滚动轴承类型的选择

滚动轴承类型很多，选用时应综合考虑轴承所受载荷的大小、方向和性质，转速的高低，支承刚度以及结构状况等，尽可能做到经济合理且满足使用要求。机器中的转动零件，通常要由轴和轴承来支承。作用在轴承上的载荷按方向不同有沿半径方向作用的径向载荷、沿轴线方向作用的轴向载荷和同时沿径向、轴向作用的联合载荷。各类滚动轴承具有不同的特性，因此在选择滚动轴承类型时，必须根据轴承实际工作情况合理选择，一般应考虑的因素包括轴承所受载荷的大小、方向和性质，轴承的转速以及调心性能等要求。

此外，还应考虑经济性因素的影响。球轴承较滚子轴承便宜，调心轴承最贵；同型号的轴承精度等级越高，其价格越贵。滚动轴承类型的选用原则见表4-7。

表4-7 滚动轴承类型的选用原则

应 用 条 件	选用轴承类型示例
以承受径向载荷为主，轴向载荷较小，转速高，运转平稳且无其他特殊要求	深沟球轴承
只承受纯径向载荷，转速低，载荷较大或有冲击	圆柱滚子轴承
只承受纯轴向载荷	
同时承受较大的径向载荷和轴向载荷	
同时承受较大的径向载荷和轴向载荷，但承受的轴向载荷比径向载荷大很多	
两轴承座孔存在较大的同轴度误差或轴的刚性小，工作中弯曲变形较大	

2. 滑动轴承

和滚动轴承相比较，滑动轴承的主要优点是：运转平稳可靠，径向尺寸小，承载能力大，抗冲击能力强，能获得很高的旋转精度，可实现液体润滑，能在比较恶劣的条件下工作。滑动轴承适用于低速、重载的场合或转速特别高、对轴的支承精度要求较高的场合，以及径向尺寸受限制的场合。

根据所能承受载荷的方向不同，滑动轴承分为径向滑动轴承和推力滑动轴承。径向滑动轴承只承受径向载荷，推力滑动轴承只承受轴向载荷。径向滑动轴承的使用较为普遍。常用的径向滑动轴承的结构有整体式和剖分式两种。

1）整体式滑动轴承

一般由轴承座、轴瓦和紧定螺钉组成，如图4－3所示。轴承座一般用铸铁制成，顶部设有油孔和装油杯的螺纹孔。轴瓦压入轴承座孔内并用紧定螺钉加固。轴瓦内表面开设有油沟，以使润滑油能够分布在润滑部位。

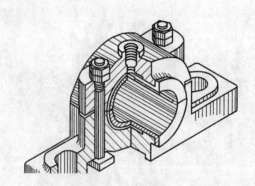

图4－3　整体式滑动轴承

整体式滑动轴承的特点是结构简单、制造成本低，但轴瓦磨损后轴承的径向间隙无法调整。装拆时需要沿轴向移动轴或轴承，对重量大和具有中间轴颈的轴装拆不方便。整体式滑动轴承通常用于低速轻载及间歇工作的场合，如绞车、手动起重机等。

2）剖分式滑动轴承

一般由轴承座、轴承盖、上下轴瓦、双头螺柱和垫片等组成，如图4－4所示。轴承盖与轴承座的结合面制成阶梯形定位止口，以便定位对中；上下轴瓦的剖分面处放置成组垫片，当轴承磨损后可调整径向间隙。轴承盖上制有螺纹孔，用以安装油杯和油管，将润滑油送到轴颈表面。

剖分式滑动轴承克服了整体式滑动轴承的不足，装拆方便，且轴承磨损后径向间隙可以调整，故应用广泛。

3）推力滑动轴承

它是靠轴的端面或轴肩、轴环的端面向止推垫圈支承面传递轴向载荷的。

4）轴瓦的结构和材料

常用的轴瓦有整体式和剖分式（图4－5）两种结构。整体式轴承采用整体式轴瓦，整体式轴瓦又称为轴套；剖分式轴承采用剖分式轴瓦，即轴瓦分成两部分。

由于轴承在使用时会产生摩擦、磨损和发热等现象，因此轴瓦材料应具备摩擦因数

图 4 - 4　剖分式滑动轴承

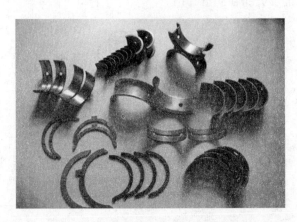

图 4 - 5　剖分式轴瓦

小，耐磨性、抗腐蚀性和抗胶合能力强等性能。同时，应有足够的强度和塑性，导热性要好等。常用的轴瓦材料有轴承合金、铜合金、粉末合金、铸铁及非金属材料等。

轴瓦材料应根据轴承工作情况选择。轴瓦可以由一种材料制成，也可以在高强度材料的轴瓦基体上浇注一层或两层轴承合金作为轴承衬，称为双金属轴瓦或三金属轴瓦。

5）滑动轴承的润滑

为保证滑动轴承正常工作，减少摩擦和磨损，提高效率，延长使用寿命，滑动轴承工作时需要有良好的润滑。

（1）润滑剂。和滚动轴承一样，滑动轴承的润滑剂有润滑脂、润滑油和固体润滑剂三种。但滑动轴承常用的是润滑油而不是润滑脂。润滑脂主要应用在速度较低、载荷较大、不经常加油、使用要求不高的场合。除了润滑油和润滑脂之外，在某些特殊场合，还可使用固体润滑剂，如石墨、二硫化钼等。

（2）润滑方式。在选用润滑剂之后，还要选用恰当的润滑方式。滑动轴承的润滑方式很多，在低速、轻载的场合多采用间歇式供油润滑，例如用油壶定期加油；而在高速、重载的场合应采用连续供油的润滑方式。常用的滑动轴承润滑方式及装置见表 4 - 8。

表4-8 常用的滑动轴承润滑方式及装置

润滑方式		装置示意图	说 明
间歇润滑	针阀式油杯		用于油润滑。手柄置于垂直位置，针阀上升，供油；手柄置于水平位置，针阀下降，停止供油
	旋套式油杯		用于油润滑。转动旋套，使旋套孔与杯体注油孔对正时注油；不注油时，旋套壁遮挡杯体注油孔，将其密封
	压配式油杯		用于油润滑或脂润滑。将钢球压下可注油；不注油时，钢球在弹簧作用下将杯体注油孔密封
	旋盖式油杯		用于脂润滑。杯盖与杯体采用螺纹连接，旋合时在杯体和杯盖中都装满润滑脂，通过旋转可将润滑脂挤入轴承内
连续润滑	芯捻式油杯	 润滑脂杯　　压注油杯	用于油润滑。杯体中储存润滑油，靠芯捻的毛细作用实现连续润滑。适用于轻载或转速低的场合
	油杯润滑		用于油润滑。油杯套在轴颈上并浸入油池，轴旋转时，靠摩擦力带动油环转动，将润滑油带至轴颈处进行润滑
	压力润滑		用于油润滑。利用油泵将压力润滑油送入轴承进行润滑。适用于大型、重载、高速、精密和自动化机械设备

3. 滚动轴承与滑动轴承的特点比较

滚动轴承与滑动轴承的特点比较见表4-9。

表4-9　滚动轴承和滑动轴承的特点比较

项　目	滚 动 轴 承	滑 动 轴 承	
		非液体摩擦	液体摩擦
启动时的摩擦阻力	很小	较大	
工作速度	低速、中速	低速	中速、高速
承受冲击和振动的能力	较差	较好	好
外廓尺寸	径向尺寸大、轴向尺寸小	轴向尺寸大、径向尺寸小	
维护	对灰尘过敏，需要密封，润滑简单，无须经常维护，润滑剂消耗少	不需要密封，但需要有润滑装置，且需经常维护，润滑剂消耗较多	

（三）拆装减速器轴

1. 键连接

机器都是由各种零件装配而成的，零件与零件之间存在着各种不同形式的连接。根据连接后是否可拆，分为可拆连接和不可拆连接。在机械连接中属于可拆连接的有键连接、销连接和螺纹连接等；属于不可拆连接的有焊接、铆接和胶接等。这里主要介绍键连接和销连接。

键连接可以实现轴与轴上零件（如齿轮、带轮等）之间的周向固定，并传递运动和扭矩。键连接具有结构简单、拆装方便、工作可靠及标准化等特点，因此在机械中应用极为广泛。

常用键连接分为平键连接、半圆键连接、花键连接、楔键连接、切向键连接等。键和键连接的类型、特点和应用见表4-10。

表4-10　键和键连接的类型、特点和应用

类　型		图　例	特　点	应　用
平键连接	普通平键	 留有间隙　轴　轮毂 圆头（A型）　平头（B型）　单圆头（C型）	靠侧面传递转矩，对中性好，易拆装，无轴向固定作用，精度较高。端部形状可制成圆头（A型）、方头（B型）、单圆头（C型）。圆头键轴槽用指形铣刀加工，键在槽中固定良好，但轴上键槽端部的应力集中较大；方头键轴槽用盘形铣刀加工，应力集中较小	单圆头键常用于轴端。普通平键应用最广

表4–10（续）

类　型		图　例	特　点	应　用
平键连接	导向平键	起键螺孔	键较长，需用螺钉固定在轴槽中，为了便于装拆，在键上加工了起键螺纹孔。能实现轴上零件的轴向移动，构成动连接	如变速箱的滑移齿轮即可采用导向平键
	滑键		靠侧面传递转矩，对中性好，易拆装，滑键固定在轮毂上，轮毂带动滑键在轴上的键槽中作轴向滑移	用与轴上零件轴向移动量较大的结构
半圆键连接			半圆键的两侧面为工作面。轴上的键槽用盘铣刀铣出，键在槽中能绕键的几何中心摆动，可以自动适应轮毂上键槽的斜度。半圆键连接制造简单，装拆方便，缺点是轴上键槽较深，对轴的削弱较大	适用于载荷较小的连接或锥形轴与轮毂的连接
楔键连接		普通楔键　钩头楔键	键的上表面有1∶100的斜度，轮毂键槽的底面也有1∶100的斜度，装配时将键打入轴和毂槽内，其工作面上产生很大的预紧力，工作时靠键、轴、轮毂之间产生的摩擦力传递转矩，并能承受单方向的轴向力	楔键连接仅适用于定心精度要求不高、载荷平稳和低速的连接

表 4 - 10（续）

类 型	图 例	特 点	应 用
切向键连接	 ≥1:100 切向键 120°～135°	由一对楔键组成，装配时，将两键楔紧。键的两个窄面是工作面，其中一个面在通过轴线的平面内，工作面上的压力沿轴的切线方向作用，能传递很大的转矩。当双向传递转矩时，需用两对切向键并分布成120°～135°	主要用于轴径大于100 mm，对中性要求不高，载荷较大的重型机械中
花键连接	 内花键　外花键　齿轮毂孔为内花键 毂　轴 毂　轴 矩形花键连接　渐开线花键连接	轴和毂孔周向均布多个键齿构成的连接称为花键连接，由内花键和外花键组成。齿的侧面是工作面。由于是多齿传递载荷，所以承载能力较强，对轴的强度削弱小，具有定心精度高和导向性能好等优点。按齿形不同可分为矩形花键连接和渐开线花键连接	适用于定心精度要求高、载荷大或经常滑移的连接

2. 销连接

销可用于轴和轴上零件的连接，并传递不大的载荷。常用圆柱销和圆锥销的形式及应用特点见表 4 -11。

表 4 -11　常用圆柱销和圆锥销的形式及应用特点

类 型	应 用 图 例		
 圆柱销	普通圆柱销		
	内螺纹圆柱销		

表 4-11（续）

类　型		应　用　图　例
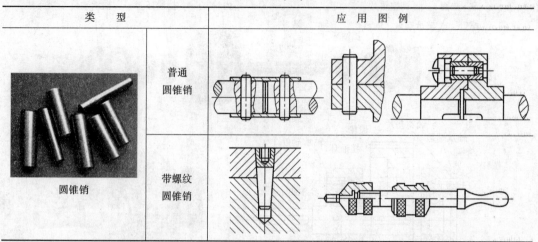 圆锥销	普通圆锥销	
	带螺纹圆锥销	

学习活动2　工作前的准备

一、工具

扳手、锤子、铜棒等。

二、设备

减速器。

三、材料和资料

减速器使用说明。

学习活动3　现场施工

【学习目标】

（1）能按要求穿戴好劳动保护用品。

（2）能严格遵守安全规程。

（3）能牢记安全注意事项，认识安全警示标志。

（4）能严格按照操作规程熟练拆装减速器轴。

（5）能合理维护及保养减速器轴。

【建议课时】

4 课时。

对减速器大齿轮轴（图 4-6）进行拆装，进一步掌握轴的结构、轴承的结构和组成等知识。

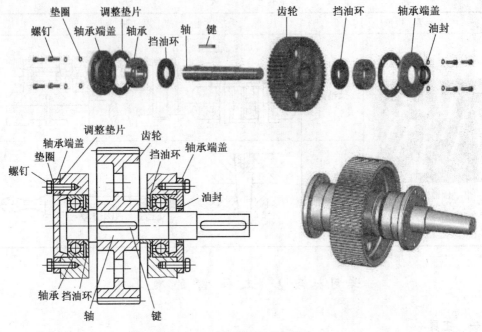

图 4-6 减速器的大齿轮轴

一、任务准备

（1）减速器大齿轮轴主要由轴、轴承、齿轮、挡油环、垫圈等组成。

（2）更换轴承时，只有在安装的所有准备工作都完成后，才能拆开轴承包装。

（3）使用汽油或苯对轴承进行清洗。

（4）安装球面滚子轴承时，一定要安装正确，以减小两端面间的过量间隙，防止轴承过早磨损。

二、任务实施

（1）拆装轴承时不能让轴承滚动体承受载荷。

（2）如果是轴承与轴配合，拆装时应当让内圈受力；如果是轴承与孔配合，拆装时应当让外圈受力，如图 4-7 所示。

（3）为了延长轴承的使用寿命，安装时有时会在内圈与外圈之间加装一个防尘盖。

(a) 轴承与轴的配合   (b) 轴承与孔的配合

图 4-7 轴承的拆装方法

子任务 2　联 轴 器 的 拆 装

【学习目标】

(1) 能通过了解联轴器的应用，明确学习任务要求。

(2) 能正确认识联轴器的组成和应用。

(3) 能熟练掌握联轴器的拆装。

(4) 能正确理解常用联轴器的维护。

【建议课时】

8 课时。

【工作情境描述】

联轴器是机械传动中的常用部件，其功用是连接两传动轴，使其一起转动并传递转矩，用联轴器连接的两传动轴在机器工作时不能分离，只有在机器停止运转后，用拆卸的方法才能将它们分开。

【工作流程与活动】

学习活动 1　明确工作任务。

学习活动 2　工作前的准备。

学习活动 3　现场施工。

学习活动 1　明 确 工 作 任 务

【学习目标】

(1) 能通过阅读设备维护（保养）记录单，明确学习任务、课时等要求。

(2) 能准确记录工作现场的环境条件。

(3) 能准确识别联轴器的结构并掌握其功能。

(4) 能熟练掌握联轴器的工作过程。

(5) 能正确操作联轴器。

一、工作任务

减速器是原动机和工作机械之间的传动装置，那么减速器是怎么和原动机、工作机械连接在一起的呢？从理论上说，带传动、链传动等都可以实现这种连接，但为了结构紧凑、提高效率等目的，通常采用联轴器实现原动机和减速器的连接。联轴器是什么样的部件？怎么拆卸和安装联轴器？

二、相关理论知识

联轴器主要用于轴与轴之间的连接，使它们一起回转并传递转矩。用联轴器连接的两根轴，只有在机器停车后，经过拆卸才能把它们分离。这一点和离合器有所不同，用离合器连接的两根轴，在机器工作中就能方便地使它们分离或接合。

109

联轴器大都已标准化,一般可先依据机器的工作条件选定合适的类型,然后按照转矩、转速和轴径从标准中选择所需的型号和尺寸。机械式联轴器按结构和功用的不同分为刚性联轴器和挠性联轴器两大类。常用联轴器的类型、结构特点及应用见表 4 – 12。

表 4 – 12 常用联轴器的类型、结构特点及应用

类 型		图 例	结构特点及应用
刚性联轴器	凸缘联轴器		结构简单,拆装方便,可传递较大的转矩。适用于低速、载荷平稳及经常拆卸的场合
	套筒联轴器		结构简单,径向尺寸小。通常用于传递转矩较小的场合
挠性联轴器	万向联轴器		传递转矩大,一般成对使用。广泛应用于汽车、机床中
	滑块联轴器		结构简单,尺寸小,不耐冲击,易磨损。适用于低速、无剧烈冲击的场合
	齿轮联轴器		可在高速、重载下可靠地工作。常用于正反转变化频率高、启动频繁的场合
	弹性套筒销联轴器		制造容易,拆装方便,成本较低,使用寿命短。适用于载荷平稳,启动频繁,转速高,传递中小力矩的场合
	弹性柱销联轴器		制造容易,维护方便。适用于轴向窜动量较大、正反转启动频繁的传动和轻载场合

学习活动2　工作前的准备

【学习目标】

(1) 能通过阅读联轴器，掌握联轴器的操作方法。

(2) 掌握联轴器实训设备的使用方法与注意事项。

一、工具

呆扳手、活动扳手、梅花扳手等。

二、设备

联轴器。

三、材料和资料

联轴器使用说明。

学习活动3　现　场　施　工

【学习目标】

(1) 能按要求穿戴好劳动保护用品。

(2) 能严格遵守安全规程。

(3) 能牢记安全注意事项，认识安全警示标志。

(4) 能严格按照操作规程熟练操作联轴器。

(5) 能合理维护及保养联轴器。

(6) 能处理联轴器的常见故障。

联轴器的拆装：

一、训练任务

通过对凸缘联轴器（图4-8）进行拆装，进一步了解联轴器的结构。

图4-8　凸缘联轴器

111

二、任务准备

（1）工具准备：准备好梅花扳手、呆扳手和活扳手等工具，如图4-9所示。

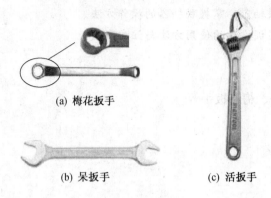

(a) 梅花扳手

(b) 呆扳手   (c) 活扳手

图4-9 工具准备

（2）知识准备：熟悉活扳手结构，能正确操作活扳手，如图4-10所示。

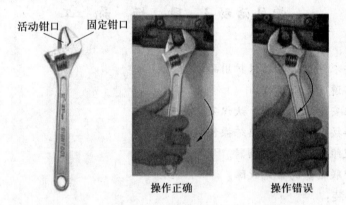

活动钳口　固定钳口

操作正确　　操作错误

图4-10 正确操作活扳手

三、任务实施

1. 联轴器的拆卸

利用扳手拆卸联轴器的螺纹连接件，观察联轴器的结构。具体拆卸步骤如下：

（1）用扳手拧松螺母，在拧松时不要逐个完全拧松，应当一起拧松取出，如图4-11所示。

（2）抽出螺栓（图4-12），如螺栓较紧可用直径小于孔径的销棒反敲击出，但在敲击时应注意力的大小，不能损坏螺纹。

（3）分开联轴器（图4-13），两个半联轴器中一个带有凹槽，一个带有凸肩。

图4-11 用扳手拧松取出螺母

图 4 - 12 抽出螺栓　　　　　　　图 4 - 13 分开联轴器

2. 联轴器的装配

（1）装配前先对联轴器进行清洗和清理，主要是对半联轴器的接触面进行清洗和清理，不能有杂物和毛刺。

（2）装配时将凸肩与凹槽进行配合，并注意两键槽的位置，应尽量使两键槽在同一位置。

（3）按装配成组螺母的方法装配螺母和螺栓。成组螺母的旋紧次序如图 4 - 14 所示。

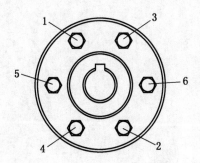

图 4 - 14 成组螺母的旋紧次序

机械基础工作页

目　　　　录

学习任务一　机械基础知识基本训练

【学习目标】

(1) 能通过了解牛头刨床的应用，明确学习任务要求。

(2) 能根据任务要求和实际情况，合理制定工作（学习）计划。

(3) 能正确认识牛头刨床的组成。

(4) 能熟练掌握牛头刨床各组成部分之间的联系。

(5) 能正确理解常用牛头刨床的应用。

(6) 能识别工作环境的安全标志。

(7) 能严格遵守安全规章制度，规范穿戴工装和劳动防护用品。

(8) 能主动获取有效信息、展示工作成果，对学习与工作进行总结反思。

(9) 能与他人合作，进行有效沟通。

【建议课时】

6 课时。

【学习任务描述】

学生在了解了牛头刨床的构造、原理及性能的基础上，动手操作牛头刨床，并进行日常保养以及常见故障检修。要求了解车间的环境要素、设备管理要求以及安全操作规程，养成正确穿戴工装和劳动防护用品的良好习惯，学会按照现场管理制度清理场地，归置物品，并按环保要求处理废弃物。

【工作流程与活动】

学习活动 1　明确工作任务。

学习活动 2　工作前的准备。

学习活动 3　现场施工。

学习活动 4　总结与评价。

学习活动 1　明确工作任务

【学习目标】

(1) 能通过了解牛头刨床的应用，明确学习任务、课时等要求。

(2) 能准确叙述牛头刨床的组成和各部分之间的联系。

(3) 能准确说出它们的用途。

【工作任务】

给学生展示牛头刨床的相关图片，通过查阅资料使学生了解牛头刨床的具体应用，引导学生分析它的组成及各组成部分的特点和功能，引出和它有关的机器、机构、零件和构件等概念。

学习活动2 工作前的准备

一、工具

夹具、刀具。

二、设备

牛头刨床。

三、材料与资料

设备使用说明。

学习活动3 现 场 施 工

【学习目标】

(1) 能熟练掌握本活动安全知识，并能按照安全要求进行操作。

(2) 能正确操作牛头刨床，通过这项操作使学生对机器的组成和装配，机构及其形式，主要零部件的组成、形状和功用有初步认识。

(3) 通过操作机器，锻炼动手能力和独立分析问题、解决问题的能力，培养团队合作精神。

一、应知任务

(1) 简要阐述牛头刨床的功能、工作原理和组成。

(2) 简要叙述各组成部分的主要结构和相互间的运动配合情况。

（3）从工作原理、机构组成和运动过程等方面说明牛头刨床的核心机构的特点。

（4）牛头刨床在使用过程中有哪些要求？

（5）牛头刨床在运行前应检查哪些内容？

（6）牛头刨床在运行中应注意哪些问题？

（7）牛头刨床在停车时有哪些注意事项？

二、应会任务

1. 具体操作

（1）操作实验以小组为单位进行。每个小组按要求操作一台牛头刨床，并在规定时间内分析出其工作原理和操作要领。要正确使用工具，注意安全。

（2）仔细观察各部分的内部结构，弄清活塞、连杆、曲轴的结构组成、连接及运动情况，弄清这些构件的结构和运动，掌握它们（由活塞、连杆和曲轴组成）的运动特点以及两者之间的运动匹配情况。认知曲轴、轴承、飞轮，初步建立机械平衡的概念，加深对尺寸公差及配合概念的理解。

（3）弄清牛头刨床中连杆机构的功能及其运动之间的关系，认识键连接。了解变速箱的变速原理，大体了解获得不同的速度和转向的方法。

（4）在操作过程中理解螺纹连接的功用和方式，认知螺纹连接零件。

（5）用草图表示出曲柄滑块机构的基本结构，标出各构件和零件的名称。

（6）观察并分析牛头刨床的主要结构。

2. 操作注意事项

（1）牛头刨床进刀不均匀：①万向联轴节两头锥齿空隙过大；②万向联轴节两头叉子口不在同一平面内；③万向联轴节十字头的销轴与孔空隙过大；④棘轮爪接触不良；⑤进给箱箱体定位过低。

（2）牛头刨床分油器调理失灵、油管掉落：①分油器调整螺栓配合过松；②分油器调整锥形螺栓偏斜；③油管捆得不牢。

（3）牛头刨床漏油：①箱体联系面紧牢螺栓未拧紧；②箱体联系面密封垫有脏物；③箱体联系面涂胶不均匀。

（4）牛头刨床刹车制动不灵敏：①制动器的拉杆调节螺母松动；②制动器拉杆方位调得不适当。

3. 操作要求

（1）简要阐述牛头刨床的功能、工作原理和组成。

（2）简要叙述各组成部分的主要结构和相互间的运动配合情况。

（3）从工作原理、机构组成和运动过程等方面说明牛头刨床核心机构的特点。

学习活动4 总 结 与 评 价

一、应知任务考核标准（满分100分）

（1）简要阐述牛头刨床的功能、工作原理和组成。（15分）

（2）简要叙述各组成部分的主要结构和相互间的运动配合情况。（15分）

（3）从工作原理、机构组成和运动过程等方面说明牛头刨床核心机构的特点。（15分）

（4）牛头刨床在使用过程中有哪些要求？（15分）

（5）牛头刨床在运行前应检查哪些内容？（15分）

（6）牛头刨床在运行中应注意哪些问题？（15 分）

（7）牛头刨床在停车时有哪些注意事项？（10 分）

二、应会任务考核标准（满分 100 分）

序号	考核内容	配分	考核要求	评 分 标 准	扣分	得分
1	操作牛头刨床	10	正确分析操作步骤	任务分析不准确或者不全面酌情扣 1～5 分		
2	了解设备的结构和运动特点	20	简述各组成部分的结构和相互之间的运动配合情况	分析有误或表达不规范，每处扣 2 分		
3	了解变速箱的工作原理和特点	20	按照设备说明分析变速箱的工作过程，并会表述变速的特点	（1）变速原理不清楚扣 5 分 （2）变速箱的位置不明确扣 2 分 （3）变速箱的工作过程不清楚扣 2 分		
4	认识螺纹连接	30	按照设备说明分析螺纹连接及其连接件	（1）不熟悉螺纹连接的知识扣 20 分 （2）不会分析螺纹连接的特点扣 5 分 （3）不能指出螺纹连接件扣 5 分		
5	熟悉其工作原理	20	按照操作要求分析其工作原理	（1）不会分析其工作原理扣 10 分 （2）不能正确说出其工作过程扣 5 分		
6	安全文明生产	0	遵守安全文明生产规程	违反安全文明生产规程，酌情扣 5～100 分，此项只扣分，不加分		
开始时间			学生姓名		考核成绩	
结束时间			指导教师	（签字）　　　年　月　日		
同组学生						

三、教师评价

应知任务评价	应会任务评价

学习任务二　机械传动的运行和维护

【学习目标】

(1) 能通过了解常用机械传动的应用，明确学习任务要求。

(2) 能根据任务要求和实际情况，合理制定工作（学习）计划。

(3) 能正确认识常用机械传动的组成。

(4) 能熟练掌握常用机械传动各组成部分之间的联系。

(5) 能正确理解常用机械传动的应用。

(6) 能识别工作环境的安全标志。

(7) 能严格遵守安全规章制度，规范穿戴工装和劳动防护用品。

(8) 能主动获取有效信息、展示工作成果，对学习与工作进行总结反思。

(9) 能与他人合作，进行有效沟通。

【建议课时】

32 课时。

【学习任务描述】

学生在了解常用机械传动的构造、原理及性能的基础上，熟悉常用机械传动的日常保养以及常见故障检修。要求了解车间的环境要素、设备管理要求以及安全操作规程，养成正确穿戴工装和劳动防护用品的良好习惯，学会按照现场管理制度清理场地，归置物品，并按环保要求处理废弃物。

【工作流程与活动】

学习活动 1　明确工作任务。

学习活动 2　工作前的准备。

学习活动 3　现场施工。

学习活动 4　总结与评价。

子任务 1　带传动的分析

【学习目标】

(1) 能通过阅读机构维护（保养）记录单和现场勘查，明确学习任务要求。

(2) 能根据任务要求和实际情况，合理制定工作（学习）计划。

(3) 能正确认识带传动的结构和功能。

(4) 能熟练掌握带传动的操作。

(5) 能正确操作带的拆装。

(6) 能识别工作环境的安全标志。

(7) 能严格遵守安全规章制度，规范穿戴工装和劳动防护用品。

(8) 能主动获取有效信息、展示工作成果，对学习与工作进行总结反思。

(9) 能与他人合作，进行有效沟通。

【建议课时】

6课时。

【工作情景描述】

V带传动在机械实际应用中比较广泛，通过本任务的学习主要是使学生初步具有使用和维护一般机械的能力，熟练掌握V带传动的拆装，培养学生的动手能力和创新意识。

学习活动1　明确工作任务

【学习目标】

(1) 能通过阅读设备维护（保养）记录单，明确学习任务、课时等要求。

(2) 能准确记录工作现场的环境条件。

(3) 能准确识别带传动的类型并掌握其功能。

【工作任务】

在操作与维护带传动前，首先对带传动的构造、工作原理、性能参数进行学习。

学习活动2　工作前的准备

一、工具

钢直尺、扳手、螺丝刀等。

二、设备

V带若干条。

三、材料和资料

V带传动装置使用说明。

学习活动3　现场施工

【学习目标】

(1) 能熟练掌握本活动安全知识，并能按照安全要求进行操作。

(2) 能正确操作V带传动。

(3) 能正确操作、使用和维护V带传动。

一、应知任务

（1）V 带传动的拆装分哪几步？

（2）如何对 V 带传动进行张紧？

（3）拆装 V 带有哪些注意事项？

（4）为什么带传动要有张紧装置？常用的张紧方法有哪些？

（5）使用张紧轮张紧时，平带传动和 V 带传动张紧轮的安放位置有何区别？为什么？

（6）带传动中，什么是带的紧边，什么是带的松边？如何区分？

（7）什么是带传动中的打滑现象？在什么情况下产生？打滑对带传动有什么影响？

二、应会任务

（一）带传动的安装

1. 拆卸 V 带

（1）首先拆下防护罩。

（2）一边转动带轮，一边用一字旋具将 V 带从带轮上拨下。

2. 安装 V 带

（1）将 V 带套入小带轮最外端的第一个轮槽中。

（2）将 V 带套入大带轮轮槽，左手按住大带轮上的 V 带，右手握住 V 带往前拉，在拉力的作用下，V 带沿着转动的方向即可全部进入大带轮的轮槽内。

（3）调整 V 带张紧力。带的松紧要适当，不宜过松或过紧。过松时，不能保证足够的张紧力，传动时容易打滑，传动能力不能充分发挥；过紧时，带的张紧力过大，传动中磨损加剧，带的使用寿命缩短。

（4）安装好防护罩。

3. 注意事项

（1）安装或拆卸 V 带时，应使用调整中心距的方法将 V 带套入或取出，切忌强行撬入或撬出，以免损坏带的工作表面和降低带的弹性。

（2）两带轮轴线平行度公差要求小于 $0.006a$（a 为中心距）；两带轮对应轮槽的对称平面应重合，其误差不得超过 $20'$。

（二）带传动的张紧装置

1. 带轮张紧的目的

控制传送带的初拉力，保证带传动的正常工作。

2. 带传动张紧装置

（1）调整中心距的方法。将装有带轮的电动机安装在滑道上或摆动底座上，其原理是通过调整螺钉或调整螺母调整中心距，从而使带得到适当张紧。

（2）采用张紧轮张紧。当中心距不能调整时，可采用张紧轮定期将带张紧。张紧轮应置于松边内侧，靠近大带轮处，以免减小小带轮包角。

（三）带传动的维护

为保证安全，带传动装置应装设防护罩；避免带与酸、碱和油接触，也不宜曝晒；应当定期检查 V 带，若发现一根松弛或损坏则应全部更换；切忌在有易燃、易爆气体的环境中（如煤矿井下）使用带传动，以免发生危险。存放时，应悬挂在架子上或平放在货架上，以免受压变形。

学习活动4 总 结 与 评 价

一、应知任务考核标准（满分100分）

（1）V带传动的拆装分哪几步？（10分）

（2）如何对V带传动进行张紧？（10分）

（3）拆装V带有哪些注意事项？（10分）

（4）为什么带传动要有张紧装置？常用的张紧方法有哪些？（15分）

（5）使用张紧轮张紧时，平带传动和V带传动张紧轮的安放位置有何区别？为什么？（20分）

（6）带传动中，什么是带的紧边？什么是带的松边？如何区分？（20分）

（7）什么是带传动中的打滑现象？在什么情况下产生？打滑对带传动有什么影响？（15分）

二、应会任务考核标准（满分100分）

序号	考核内容	配分	考核要求	评 分 标 准	扣分	得分
1	拆卸V带	10	使用调整中心距的方法拆卸	拆卸方法不得当酌情扣1~5分		
2	安装V带	20	使用调整中心距的方法安装	安装方法不得当扣2分		
3	调整中心距张紧	10	会通过调整螺钉或螺母进行	调整位置不准确扣2分		
4	采用张紧轮张紧	20	会安放张紧轮的位置	张紧轮位置安放不正确扣10分		
5	带张紧程度检测	20	掌握基本测量方法	尺寸测量不准确扣5分		
6	带的使用	10	会正确使用	使用不当扣5分		
7	带的维护	10	定期对V带进行保养	维护不到位扣2分		
8	安全文明生产	0	遵守安全文明生产规程	违反安全文明生产规程，酌情扣5~100分，此项只扣分，不加分		
	开始时间		学生姓名		考核成绩	
	结束时间		指导教师		（签字） 年 月 日	
	同组学生					

三、教师评价

应知任务评价	应会任务评价

子任务2　螺旋传动的分析

【学习目标】

(1) 能通过阅读设备维护（保养）记录单和现场勘查，明确学习任务要求。

(2) 能根据任务要求和实际情况，合理制定工作（学习）计划。

(3) 能正确认识台虎钳的操作规范和要求。

(4) 能熟练掌握台虎钳的操作步骤。

(5) 能正确操作台虎钳。

(6) 能识别工作环境的安全标志。

(7) 能严格遵守安全规章制度，规范穿戴工装和劳动防护用品。

(8) 能主动获取有效信息、展示工作成果，对学习与工作进行总结反思。

(9) 能与他人合作，进行有效沟通。

【建议课时】

6 课时。

【学习任务描述】

学生在了解了台虎钳的构造、原理及特点的基础上，动手操作台虎钳，并进行日常保养以及常见故障检修。要求了解车间的环境要素、设备管理要求以及安全操作规程，养成正确穿戴工装和劳动防护用品的良好习惯，学会按照现场管理制度清理场地，归置物品，并按环保要求处理废弃物。

学习活动1　明确工作任务

【学习目标】

(1) 能通过阅读设备维护（保养）记录单，明确学习任务、课时等要求。

(2) 能准确记录工作现场的环境条件。

(3) 能准确识别台虎钳的操作步骤并掌握其功能。

【工作任务】

在接到台虎钳操作任务后，应全面检查台虎钳的结构状态，确定加工的具体任务。

学习活动2　工作前的准备

一、工具

钢直尺、游标卡尺、锉刀、锯条等。

二、设备

台虎钳。

三、材料和资料

台虎钳使用说明。

学习活动3　现　场　施　工

【学习目标】

(1) 能熟练掌握本活动安全知识，并能按照安全要求进行操作。

(2) 能正确操作台虎钳实训设备。

(3) 能正确操作台虎钳。

一、应知任务

(1) 简述台虎钳的用途及特点。

(2) 台虎钳由哪些部分构成？

(3) 如何用台虎钳夹紧工件？

（4）台虎钳在操作中有哪些注意事项？

二、应会任务

台虎钳操作如下：

（1）穿戴劳动保护用品：工作前穿戴好劳动保护用品。

（2）设备检查：使用前应检查台虎钳各部位。

（3）注意安全：工作中应注意周围人员及自身安全，防止铁屑飞溅伤人。

（4）钳身牢固：台虎钳必须牢固地固定在钳台上，使用前或使用过程中调整角度后应检查锁紧螺栓、螺母是否锁紧，工作时应保证钳身无松动。

（5）平稳操作：使用虎钳夹工件要牢固、平稳，装夹小工件时须防止钳口夹伤手指，夹重工件必须用支柱或铁片垫稳，人要站在安全位置。

（6）夹紧工件：所夹工件不得超过钳口最大行程的三分之二，夹紧工件时只能用手的力量扳紧手柄，不允许用锤击手柄或套上长管的方法扳紧手柄，以防丝杆、螺母或钳身受损。

（7）力量朝向钳身：在进行强力作业时应使力量朝向固定钳身，防止增加丝杆和螺母的受力而造成螺母的损坏。

（8）切勿敲击活动钳身：不能敲击活动钳身的光洁平面，以免它与固定钳身发生松动造成事故。

（9）工件高于钳口面：锉削时，工件的表面应高于钳口面，不得用钳口面作基准面来加工平面，以免锉刀磨损和台虎钳损坏。

（10）防止工件跌落：松、紧台虎钳时应扶住工件，防止工件跌落伤物、伤人，丝杠、螺母和其他活动表面应加油润滑和防锈。

（11）清理卫生：工作结束后清理台虎钳台身及周边卫生，尤其是废工件和铁屑等。

学习活动4　总结与评价

一、应知任务考核标准（满分100分）

（1）简述台虎钳的用途及特点。（25分）

（2）台虎钳由哪些部分构成？（25分）

（3）如何用台虎钳夹紧工件？（25分）

（4）台虎钳在操作中有哪些注意事项？（25分）

二、应会任务考核标准（满分100分）

序号	考核内容	配分	考核要求	评分标准	扣分	得分
1	是否穿戴好劳动保护用品	10	工作前需穿戴好劳动保护用品	穿戴不整齐酌情扣1~5分		
2	设备检查	10	使用前应检查台虎钳各部位	检查不到位每处扣2分		
3	固定台虎钳	10	将台虎钳牢固地固定在钳台上	固定不牢扣2分		
4	夹紧工件	10	把工件牢固夹紧在钳口上	夹紧不牢扣2分		
5	具体操作	20	会进行具体操作	动作不规范扣5分		
6	清理卫生	10	清理台身及周边卫生	清理不干净扣5分		
7	维护保养	30	定期对设备进行保养	操作不及时扣2分		
8	安全文明生产	0	遵守安全文明生产规程	违反安全文明生产规程，酌情扣5~100分，此项只扣分，不加分		

开始时间		学生姓名		考核成绩		
结束时间		指导教师		（签字）	年 月 日	
同组学生						

三、教师评价

应知任务评价	应会任务评价

子任务3　链传动的分析

【学习目标】

(1) 能通过了解链传动的应用，明确学习任务要求。

(2) 能根据任务要求和实际情况，合理制定工作（学习）计划。

(3) 能正确认识链传动的结构和工作原理。

(4) 能熟练掌握链传动的拆装要求。

(5) 能正确理解链传动的拆装注意事项。

(6) 能正确操作链传动，懂得链传动的日常维护与故障处理。

(7) 能识别工作环境的安全标志。

(8) 能严格遵守安全规章制度，规范穿戴工装和劳动防护用品。

(9) 能主动获取有效信息、展示工作成果，对学习与工作进行总结反思。

(10) 能与他人合作，进行有效沟通。

【建议课时】

6课时。

【学习任务描述】

学生在了解了链传动的构造、原理及性能的基础上，动手操作链传动，并进行日常保养以及常见故障检修。要求了解车间的环境要素、设备管理要求以及安全操作规程，养成正确穿戴工装和劳动防护用品的良好习惯，学会按照现场管理制度清理场地，归置物品，并按环保要求处理废弃物。

学习活动1　明确工作任务

【学习目标】

(1) 能认真听讲解，做好笔记。

(2) 能通过了解链传动的应用，明确学习任务、课时等要求。

(3) 能准确叙述链传动的结构和工作原理。

(4) 能准确说出链传动各组成部分的作用。

【建议课时】

4课时。

【工作任务】

摩托车的链传动在使用一段时间之后，链条松弛，下垂度变大，容易脱落。如何重新安装？给学生展示摩托车链传动的结构图片，通过查阅资料使学生了解链传动的具体应用，引导学生分析它的组成及各组成部分的特点和功能。

学习活动2　工作前的准备

一、工具

抹布、煤油、链条清洗剂、专用链条清洁刷、后轮支架、链条润滑油、橡胶手套等。

二、设备

摩托车。

三、材料和资料

摩托车使用说明。

学习活动3 现 场 施 工

【学习目标】

(1) 能熟练掌握本活动安全知识,并能按照安全要求进行操作。
(2) 能正确操作摩托车润滑设施。
(3) 能独立完成摩托车链条的清洗。

一、应知任务

(1) 链传动有什么特点?

(2) 选择链材料的依据是什么?

(3) 链的加工方法有哪几种?特点是什么?

（4）什么是链传动？链传动有哪些优缺点？对链传动的基本要求是什么？

（5）链分为哪几种类型？

（6）链有何特点？应用于什么场合？

（7）简述摩托车的用途及特点。

（8）摩托车由哪些部分构成？

（9）请描述摩托车的工作原理。

二、应会任务

摩托车链条的清洗和润滑步骤如下：

（1）判断：什么时候润滑传动链条呢？摩托车链条听起来或看起来很干涩的时候。

（2）工具准备：抹布、煤油、链条清洗剂、专用链条清洁刷、后轮支架、链条润滑油、橡胶手套等。

（3）支起车子：先把车子支起来，让后轮离地。

（4）清洗链条：①如果不是很脏，那就在抹布上喷些清洁剂进行擦拭；②如果很脏，那就把清洁剂浇在上面，然后小心地用刷子刷，让链条穿过刷子。

（5）润滑链条：明确要上润滑剂的部分——链条两侧、侧垫片以及链条重叠的部分。动作要领：右手转动轮子，先润滑链条内侧一圈，然后再润滑链条外侧一圈。润滑完毕，接着控油，然后擦拭干净。注意：过多的润滑剂会弄脏轮辋，也会让链条脏得更快。

（6）更换O形环：现代摩托车链条都会用到X形或者O形的橡胶环贴在侧垫片上来锁住润滑油。如果链轮齿变细或者变形，或者链条生锈，则需要更换X形或O形的橡胶环。

（7）喷链条油：喷上适量的链条油。链条油喷得太少润滑效果不足，喷得太多易造成喷溅，一定要把握好油量。

（8）擦拭多余的链条油：拿抹布将链条上多余的链条油擦拭干净，降低链条油喷溅的概率，同时可以减少链条黏泥土的可能性。

学习活动4 总结与评价

一、应知任务考核标准（满分100分）

（1）链传动有什么特点？（10分）

（2）选择链材料的依据是什么？（10分）

（3）链的加工方法有哪几种？特点是什么？（10分）

（4）什么是链传动？链传动有哪些优缺点？对链传动的基本要求是什么？（15分）

（5）链分为哪几种类型？（10分）

（6）链有何特点？应用于什么场合？（10分）

（7）简述摩托车的用途及特点。（10分）

（8）摩托车由哪些部分构成？（15）

（9）请描述摩托车的工作原理。（10分）

二、应会任务考核标准（满分100分）

序号	考核内容	配分	考核要求	评 分 标 准	扣分	得分
1	判断	10	会正确判断摩托车链条是否需要清洗和润滑	判断不准确或者不全面酌情扣1～5分		
2	工具准备	10	明确所需工具	分析有误或准备不充分，每处扣2分		
3	支起车子	10	按照具体要求操作	操作不到位扣2分		
4	清洗链条	20	按照要求进行清洗	清洗不干净扣5分		
5	润滑链条	20	会进行具体润滑操作	（1）润滑部位选择不正确扣10分 （2）润滑过程动作不规范扣5分		
6	更换O形环	10	会正确更换	动作不规范扣2分		
7	喷链条油	10	会正确喷油	油量掌握不好扣5分		
8	擦拭多余的链条油	10	擦拭干净	擦拭不干净扣2分		
9	安全文明生产	0	遵守安全文明生产规程	违反安全文明生产规程，酌情扣5～100分，此项只扣分，不加分		

开始时间		学生姓名		考核成绩		
结束时间		指导教师		（签字）　　　年　月　日		
同组学生						

三、教师评价

应知任务评价	应会任务评价

子任务4　齿轮传动的分析

【学习目标】

(1) 能通过了解减速器的应用，明确学习任务要求。

(2) 能根据任务要求和实际情况，合理制定工作（学习）计划。

(3) 能正确认识减速器的结构和工作原理。

(4) 能熟练掌握减速器的拆装要求。

(5) 能正确理解减速器的拆装注意事项。

(6) 能正确操作减速器，懂得减速器的日常维护与故障处理。

(7) 能识别工作环境的安全标志。

(8) 能严格遵守安全规章制度，规范穿戴工装和劳动防护用品。

(9) 能主动获取有效信息、展示工作成果，对学习与工作进行总结反思。

(10) 能与他人合作，进行有效沟通。

【建议课时】

14 课时。

【学习任务描述】

学生在了解了减速器的构造、原理及性能的基础上，动手操作减速器，并进行日常保养以及常见故障检修。要求了解车间的环境要素、设备管理要求以及安全操作规程，养成正确穿戴工装和劳动防护用品的良好习惯，学会按照现场管理制度清理场地，归置物品，并按环保要求处理废弃物。

学习活动1　明确工作任务

【学习目标】

(1) 能认真听讲解，做好笔记。

(2) 能通过了解减速器的应用，明确学习任务、课时等要求。

(3) 能准确叙述减速器的结构和工作原理。

(4) 能准确说出减速器各组成部分的作用。

【工作任务】

给学生展示减速器的结构图片，通过查阅资料使学生了解减速器的具体应用，引导学生分析它的组成及各组成部分的特点和功能。

学习活动2　工作前的准备

一、工具

钢直尺、游标卡尺、活动扳手、套筒扳手、手锤等。

二、设备

减速器。

三、材料和资料

减速器使用说明。

学习活动3 现 场 施 工

【学习目标】

(1) 能按要求穿戴好劳动保护用品。

(2) 能严格遵守机修厂安全规程。

(3) 能牢记安全注意事项，认识安全警示标志。

(4) 能严格按照操作规程熟练操作机修厂正在使用的减速器。

(5) 能合理维护及保养减速器。

(6) 能处理减速器的常见故障。

一、应知任务

(1) 减速器的安装分哪几步？

(2) 减速器在使用过程中有哪些要求？

（3）减速器在运行前应检查哪些内容？

（4）减速器在运行中应注意哪些问题？

（5）减速器在停车时有哪些注意事项？

（6）减速器在使用与维护中应检查哪些内容？

（7）减速器在工作中轴承发热，请分析其故障原因，并制定补救措施进行检修。

（8）请问你在操作过程中还处理过哪些故障？如何处理的？

二、应会任务

1. 减速器的拆卸

（1）仔细观察减速器外部结构。

（2）用扳手拆下观察孔盖板，检查观察孔位置是否恰当，大小是否合适。

（3）拆卸箱盖：

①用扳手拆卸上下箱体之间的连接螺栓，拆下定位销。将螺栓、螺钉、垫片、螺母和销钉放在盘中，以免丢失，然后拧动启盖螺钉使上下箱体分离，卸下箱盖。

②仔细观察箱体内各零部件的结构和位置。

③测量实验内容，了解所要求的尺寸。

④卸下轴承盖，将轴和轴上零件一起从箱内取出，按合理顺序拆卸轴上零件。

⑤绘制高速轴及其支承部件结构草图。

2. 减速器的装配

按原样将减速器装配好，装配时按先内部后外部的合理顺序进行。装配轴套和滚动轴承时，应注意方向，注意滚动轴承的合理装拆方法，经指导教师检查合格后才能合上箱盖。注意退回启盖螺钉，并在装配上下箱盖之间螺栓前应先安装好定位销，最后拧紧各个螺栓。

学习活动4　总结与评价

一、应知任务考核标准（满分100分）

（1）减速器的安装分哪几步？（15分）

（2）减速器在使用过程中有哪些要求？（15分）

（3）减速器在运行前应检查哪些内容？（10分）

（4）减速器在运行中应注意哪些问题？（10分）

（5）减速器在停车时有哪些注意事项？（10分）

（6）减速器在使用与维护中应检查哪些内容？（10分）

（7）减速器在工作中轴承发热，请分析其故障原因，并制定补救措施进行检修。（15分）

（8）请问你在操作过程中还处理过哪些故障？如何处理的？（15分）

二、应会任务考核标准（满分100分）

序号	考核内容	配分	考核要求	评分标准	扣分	得分
1	观察减速器外部结构	10	熟悉减速器外部结构	记不全面酌情扣1~5分		
2	用扳手拆下观察孔盖板	10	观察位置是否恰当，大小是否合适	判断有误每处扣2分		
3	拆卸连接螺栓	10	将螺栓等零件放在盘中	不集中放置扣2分		
4	拆卸定位销	10	将销放在盘中	不集中放置扣2分		
5	拆下轴承盖	10	会进行具体操作	动作不规范扣5分		
6	拆下轴上零件	10	会正确拆卸	顺序不正确扣5分		
7	装配减速器	30	会按正确顺序装配	装配顺序不正确每处扣2分		
8	擦拭多余的链条油	10	擦拭干净	擦拭不干净扣2分		
9	安全文明生产		遵守安全文明生产规程	违反安全文明生产规程，酌情扣5~100分，此项只扣分，不加分		
开始时间			学生姓名		考核成绩	
结束时间			指导教师		（签字）　　　年　月　日	
同组学生						

三、教师评价

应知任务评价	应会任务评价

学习任务三　常用机构的运行和维护

【学习目标】

（1）能通过了解常用机构的应用，明确学习任务要求。

（2）能根据任务要求和实际情况，合理制定工作（学习）计划。

（3）能正确认识常用机构的结构及工作原理。

（4）能正确理解常用机构的拆装注意事项。

【建议课时】

18 课时。

【工作情景描述】

在日常生产和生活中，机构广泛用于动力的传递或改变运动的形式。学会分析常用机构，了解它们的组成和运动特点，从而更好地服务实践。

【工作流程与活动】

学习活动1　明确工作任务。

学习活动2　工作前的准备。

学习活动3　现场施工。

学习活动4　总结与评价。

子任务1　铰链四杆机构分析

【学习目标】

（1）能通过阅读设备维护（保养）记录单和现场勘查，明确学习任务要求。

（2）能根据任务要求和实际情况，合理制定工作（学习）计划。

（3）能正确认识铰链四杆机构的结构和功能。

（4）能熟练掌握铰链四杆机构的工作过程。

（5）能正确操作铰链四杆机构。

【建议课时】

8 课时。

【工作情景描述】

缝纫机是服装生产中最基本的机械设备。家用缝纫机采用了各种各样的基本机构，比较典型的有连杆机构、凸轮机构等。本项目主要以家用缝纫机为例，通过对机身、机头的拆装，引导学生分析机构的组成、特性，使学生正确掌握连杆机构的常用知识和技能，提高学生的实践动手能力。

143

学习活动 1　明确工作任务

【学习目标】

(1) 能通过阅读设备维护（保养）记录单，明确学习任务、课时等要求。

(2) 能准确记录工作现场的环境条件。

(3) 能准确识别缝纫机的结构并掌握其功能。

【工作任务】

观察缝纫机的工作过程。

学习活动 2　工作前的准备

一、工具

1. 大小螺丝刀各一把，大小扳手各一把，锤子一把。

2. 铅笔、橡皮、三角板（自备）。

二、设备

脚踏缝纫机一台。

三、材料和资料

缝纫机使用说明。

学习活动 3　现场施工

【学习目标】

(1) 能按要求穿戴好劳动保护用品。

(2) 能严格遵守安全规程。

(3) 能牢记安全注意事项，认识安全警示标志。

(4) 能严格按照操作规程熟练操作缝纫机。

(5) 了解缝纫机的基本组成及各重要零部件的名称、功用。

(6) 熟悉缝纫机机身部分的结构及组成。

(7) 掌握四杆机构的基本形式及特性。

(8) 能合理维护及保养缝纫机。

一、应知任务

(1) 试列举铰链四杆机构应用实例。

（2）铰链四杆机构的常见类型有哪些？

（3）铰链四杆机构中曲柄存在的条件是什么？

（4）如何判断铰链四杆机构中是否有曲柄存在？

（5）什么是铰链四杆机构的急回特性？

（6）什么是铰链四杆机构的死点位置？

（7）什么是曲柄滑块机构？它是由什么机构演化而成的？

（8）已知铰链四杆机构的各杆长度分别为：$l_{AB} = 60$ mm，$l_{AD} = 50$ mm，$l_{BC} = 45$ mm，$l_{CD} = 30$ mm。试问：欲获得曲柄摇杆机构、双摇杆机构和双曲柄机构，应分别取何杆为机架？

二、应会任务

1. 具体操作

（1）观察分析整个缝纫机。仔细观察，分析缝纫机的基本组成及其主要零部件。

（2）分析机身部分组成、运动路线。轻踏缝纫机踏板，仔细观察机身部分运动过程，分析机身部分由几个机构组成。分析每个机构的结构组成及运动传递路线，记录每个机构的构件数目及运动副的种类、数目。

（3）分析四杆机构的结构形式及运动特性。分析从踏板至下带轮机构的结构，掌握曲柄、摇杆的概念，教师引导学生掌握曲柄摇杆机构的死点位置、急回特性、传力特性。画出曲柄摇杆（踏板至下带轮）机构的死点位置，标出死点压力角，并说明越过死点位置的方法。

（4）拆装缝纫机。通过拆装机身部分，进一步了解缝纫机机身部分的结构。

2. 注意事项

（1）拆下的零件入柜，并摆放整齐有序，必要时可先局部装配。

（2）要防止小零件丢失或漏装。

（3）边思考边拆装。

（4）动作要轻柔，不可损坏零件。

（5）装配时每装一个零件都要检查配合处是否运动灵活。

学习活动 4 总 结 与 评 价

一、应知任务考核标准（满分 100 分）

（1）试列举铰链四杆机构应用实例。（10 分）

（2）铰链四杆机构的常见类型有哪些？（10 分）

（3）铰链四杆机构中曲柄存在的条件是什么？（10 分）

（4）如何判断铰链四杆机构中是否有曲柄存在？（15 分）

（5）什么是铰链四杆机构的急回特性？（10 分）

（6）什么是铰链四杆机构的死点位置？（10 分）

（7）什么是曲柄滑块机构？它是由什么机构演化而成的？（15 分）

（8）已知铰链四杆机构的各杆长度分别为：$l_{AB} = 60$ mm，$l_{AD} = 50$ mm，$l_{BC} = 45$ mm，$l_{CD} = 30$ mm。试问：欲获得曲柄摇杆机构、双摇杆机构和双曲柄机构，应分别取何杆为机架？（20分）

二、应会任务考核标准（满分100分）

序号	项目和技术要求	实训记录	配分	得分
1	拆卸顺序正确		10	
2	拆卸后零件无损坏		10	
3	拆卸后的零件按顺序摆放，保管齐全		15	
4	正确记录机构数目、运动副种类及数目		15	
5	能正确测量并记录各构件尺寸并正确绘制机构运动简图		15	
6	能正确分析曲柄摇杆机构死点位置及克服办法		15	
7	装配顺序正确		10	
8	团队合作情况		10	

三、教师评价

应知任务评价	应会任务评价

子任务2　凸轮机构分析

【学习目标】

（1）能通过阅读设备维护（保养）记录单和现场勘查，明确学习任务要求。

（2）能根据任务要求和实际情况，合理制定工作（学习）计划。

（3）能正确认识凸轮的结构和功能。

（4）能熟练掌握凸轮机构的工作过程。

（5）能正确操作凸轮机构。

【建议课时】

4课时。

【工作情景描述】

在一些机械中,要求从动件的位移、速度和加速度必须严格地按照预定规律变化,此时可采用凸轮机构来实现。凸轮机构广泛用于各种机械和自动控制装置中。

学习活动1 明确工作任务

【学习目标】

(1) 能通过阅读设备维护(保养)记录单,明确学习任务、课时等要求。

(2) 能准确记录工作现场的环境条件。

(3) 能准确识别凸轮机构的结构并掌握其功能。

【工作任务】

发动机配气机构(内燃机配气机构)是按照发动机每一气缸内所进行的工作循环和点火顺序的要求,定时开启和关闭各气缸的进、排气门,使新鲜的可燃混合气(汽油机)或空气(柴油机)得以及时进入气缸,废气得以及时从气缸排出。在压缩与做功行程中,关闭气门保证燃烧室的密封。

学习活动2 工作前的准备

一、工具

(1) 常用工具和专用工具4套。

(2) 发动机拆装翻转架或拆装工作台4套。

(3) 清洗用料、油盘、搁架等若干。

二、设备

(1) 桑塔纳发动机2台。

(2) EQ6100-1型发动机2台。

三、材料和资料

设备使用说明。

学习活动3 现 场 施 工

【学习目标】

(1) 能按要求穿戴好劳动保护用品。

(2) 能严格遵守安全规程。

(3) 能牢记安全注意事项,认识安全警示标志。

(4) 熟悉顶置气门式配气机构的组成,气门组和气门传动组各主要机件的构造、作用与装配关系。

(5) 掌握正确的拆装步骤、方法和要求。

一、应知任务

（1）什么是凸轮机构？凸轮机构有什么特点？

（2）凸轮机构在日常生活中有哪些应用实例？

（3）凸轮机构由几部分组成？分别是哪些部分？都有什么样的作用？

（4）凸轮机构的工作原理是什么？

（5）凸轮机构有哪些常见故障？

（6）如何维修凸轮机构？

（7）如何保养凸轮机构？

二、应会任务

1. 配气机构的拆装

（1）塔纳发动机配气机构的拆装。

（2）EQ6100－1型发动机配气机构的拆装。

2. 配气机构功用简介

配气机构的功用是按照发动机每一气缸内所进行的工作循环和发火次序的要求，定时开启和关闭各气缸的进、排气门，使新鲜充量得以及时进入气缸，废气得以及时从气缸排出；在压缩与膨胀行程中，保证燃烧室的密封。新鲜充量对于汽油机而言是汽油和空气的混合气，对于柴油机而言是纯空气。

3. 实训方法及步骤（以EQ6100－1型发动机为例）

1）气门组的拆卸

（1）从发动机上拆去燃料供给系、点火系等系统有关部件。

（2）拆卸前、后气门室及摇臂机构，取出推杆。

（3）拆下气缸盖。

（4）用气门弹簧钳拆卸气门弹簧，依次取出锁片、弹簧座、弹簧和气门。锁片应用尖嘴钳取出，不得用手取出。将拆下的气门做好相应标记，按顺序放置。

（5）解体摇臂机构。

2）气门传动组的拆卸

（1）拆下油底壳、机油泵及其传动机件。

（2）拆卸挺柱室盖及密封垫，取出挺柱并依缸按顺序放置，以便对号安装。（CA6102型发动机挺柱装在挺柱导向体中，导向体可拆卸，拆装时必须注意装配标记）

（3）拆下起动爪，用拉器拆卸带轮。

（4）拆下正时齿轮盖及衬垫。

（5）检查正时齿轮安装记号，如无记号或记号不清楚，应做出相应的装配记号（一缸活塞位于压缩行程上死点时）。

（6）拆下凸轮轴推力凸缘固定螺钉，平稳地将凸轮轴抽出（正时齿轮不可拆卸）。

3）配气机构的安装

（1）安装前各部件应保持清洁并按顺序放好。

（2）安装凸轮轴：先装上正时齿轮室盖板，润滑凸轮轴轴颈和轴承，转动曲轴，在第一缸压缩上死点时，对准凸轮轴正时齿轮和曲轴正时齿轮上的啮合记号，平稳地将凸轮轴装入轴承孔内；紧固推力凸缘螺钉，再转动曲轴，复查正时齿轮啮合情况并检查凸轮轴轴向间隙；最后堵上凸轮轴轴承座孔后端的堵塞（堵塞外圆柱面应均匀涂上硝基胶液）。

（3）安装气门挺柱。安装挺柱时，挺柱应涂以润滑油并对号入座。挺柱装入后，应能在挺柱孔内均匀自由地上下移动和转动。

（4）装复正时齿轮室盖、曲轴带轮及起动爪。

（5）装复机油泵机及其附件，装复油底壳。

（6）气门组的装配。润滑气门杆，按记号将气门分别装入气门导管内，然后翻转缸盖，装上气门弹簧、挡油罩和弹簧座。用气门弹簧钳子分别压紧气门弹簧，装上锁片（锁片装入后应落入弹簧座孔中，并使两瓣高度一致，固定可靠）。

（7）安装气缸盖。

（8）装配摇臂机构。摇臂机构的安装步骤及注意事项如下：

①对摇臂、摇臂轴、摇臂轴支座等要清洗干净，并检查这些机件的油孔是否畅通。

②在摇臂轴涂上润滑油，按规定次序将摇臂轴支座、摇臂、定位弹簧等装在摇臂轴上。安装时，EQ6100-1型发动机摇臂轴上的油槽要向下，出油孔向上偏发动机左侧，即进排气道一侧，如装反则会造成摇臂机构润滑不良。

③将推杆放入挺柱凹座内，拧松摇臂上的气门间隙调整螺钉，以免固定支座螺栓时把推杆压弯。然后固定摇臂机构，自中间向两端固定，要达到规定的拧紧力矩。EQ6100-1型发动机摇臂轴支座的拧紧力矩为29～39 N·m；CA6102型发动机摇臂轴支座的拧紧力矩中间为29～30 N·m，两端为20～30 N·m。

④支座固定后，摇臂应能转动灵活。

（9）装复汽油泵、分电器等发动机外部有关机件。

学习活动4　总结与评价

一、应知任务考核标准（满分100分）

（1）什么是凸轮机构？凸轮机构有什么特点？（10分）

（2）凸轮机构在日常生活中有哪些应用实例？（10分）

（3）凸轮机构由几部分组成？分别是哪些部分？都有什么样的作用？（20分）

（4）凸轮机构的工作原理是什么？（15分）

（5）凸轮机构有哪些常见故障？（15分）

（6）如何维修凸轮机构？（15分）

（7）如何保养凸轮机构？（15分）

二、应会任务考核标准（满分100分）

序号	项目和技术要求	实训记录	配分	得分
1	拆卸顺序正确		10	
2	拆卸后零件无损坏		10	
3	清洗零部件，熟悉各零部件的构造和装配关系		15	
4	正确安装配气机构		15	
5	摇臂机构安装过程正确		15	
6	能正确调整气门间隙		15	
7	装配顺序正确		10	
8	团队合作情况		10	

三、教师评价

应知任务评价	应会任务评价

子任务 3　其他常用机构分析

【学习目标】

（1）能通过阅读设备维护（保养）记录单和现场勘查，明确学习任务要求。

（2）能根据任务要求和实际情况，合理制定工作（学习）计划。

（3）能正确认识其他常用机构的结构和功能。

（4）能熟练掌握其他常用机构的工作过程。

（5）能正确操作其他常用机构。

【学习课时】

6课时。

【工作任务描述】

你碰到过自行车变速齿轮组变挡不到位或意外变挡的情况吗？许多人遇到过这种问

题，但是不敢去修它，害怕越修越坏。下面介绍如何通过调整变速器使你的自行车正确变挡。

学习活动 1 明确工作任务

【学习目标】

（1）能通过了解变速机构、变向机构和间歇运动机构的应用，明确学习任务、课时等要求。

（2）能准确叙述变速机构、变向机构和间歇运动机构的结构和工作原理。

（3）能熟练掌握变速机构、变向机构和间歇运动机构的类型和应用。

【工作任务】

变速自行车是通过调整前后齿轮的速比来实现车速的调整的。以一辆 27 速的车为例，前面有 3 片齿轮（28、38、48），后面有 9 片飞轮（11～34），当前面齿轮调到最大一片后面飞轮调到最小一片时，此时的速比最大（48/11＝4.36），车速最高，即轮盘转动一圈，车轮转动 4.36 圈，此时适合平路或者下坡路使用；如果是上坡或者为了省力，则需改变速比关系，即前面调到小的齿轮上，后面调到较大齿数的飞轮上（如 28/34＝0.82），这样则可增大扭矩，同时也省力。

学习活动 2 工作前的准备

一、工具

十字改锥等。

二、设备

山地自行车。

三、资料与材料

自行车说明书。

学习活动 3 现场施工

【学习目标】

（1）能按要求穿戴好劳动保护用品。

（2）能严格遵守安全操作要求。

（3）能熟练掌握本活动安全知识，并能按照安全要求进行操作。

（4）能正确对山地自行车进行变速操作，通过这项操作使学生对山地自行车的变速原理有初步认识。

（5）通过拆装山地自行车，锻炼动手能力和独立分析问题、解决问题的能力，培养团队合作精神。

一、应知任务

（1）什么是变速机构？变速机构分哪两类？

（2）常用的有级变速机构有哪些？

（3）什么是换向机构？常用的换向机构有哪些？

（4）什么是间歇运动？常见的间歇运动机构有哪些？

（5）棘轮机构有哪几个基本的组成部分？怎样调节棘轮转角的大小？

（6）内啮合槽轮机构与外啮合槽轮机构相比有何不同？

二、应会任务

1. 调整山地自行车后变速器的步骤

（1）将挡位放到最低速的飞轮上（最靠近辐条的最大的齿轮）。

（2）查看后面的齿轮，确保飞轮不会碰到变速器导向轮（顶轮）。如果碰到了，在骑车时会就发出巨大的噪声。

①如果飞轮与导向轮接触了，调节变速器校准螺钉，在顺时针方向增加张力，调节到导向轮和飞轮分开至少几毫米。

②如果飞轮离导向轮太远，则松开校准螺钉，直到它们接触，然后再上紧螺钉，直到它们离开几毫米。

（3）在最高挡位上（最小齿轮），感觉变速线的张力。如果有张力（变速线绷紧，不松驰），则需调整变速线调节器，顺时针方向旋转至变速线没有张力。这是一项很重要的准备工作。

（4）换挡到最高挡位，从后面观察链条骑在最小齿轮上的情况。如果链条看上去像要脱出最小齿轮落到轴上，则顺时针方向上紧"H"限制螺钉，直到链条看上去在中间。类似地，如果链条看上去像是擦着旁边的齿轮，则放松"H"螺钉。确认调整的是正确的螺钉，在转动螺钉的时候仔细查看变速器，在正确调整限制螺钉时，变速器应该移动一点儿。随后重新调整变速线张力，直到换挡平滑。

（5）换挡到最低速齿轮，确认链条不会掉出飞轮。和上面的步骤类似，观察链条骑在齿轮上的情况（这次要观察的是最大的齿轮）。如果链条看上去偏向辐条，则顺时针方向上紧"L"限制螺钉。如果看上去要向下变挡，则放松"L"螺钉。然后在所有挡位上变换，进行检查。

（6）从两个方向在所有挡位上变速，以判断换挡是否正常。如果在减挡时有问题（向更大齿轮换挡时，链条抱着较小的齿轮），则通过拧出张力螺钉（逆时针方向）来增加变速线张力，一次拧一小点，直到可以正确换挡。如果在增挡时有问题（向更小的齿轮换挡时，链条黏着更大的齿轮），则少量放松变速线的张力（顺时针方向）。

（7）润滑螺钉和枢轴。用专用的链条润滑油润滑链条，以避免不灵活的链条节影响换挡，并保证其有足够的驱动力。

2. 注意事项

（1）在一些自行车上"H"和"L"限制螺钉的位置是反的。

（2）调整的量应该是四分之一圈。

（3）要检查确认变速器支架（把变速器连接到车架的东西）没有弯。如果弯了的话，在调整变速器之前一定要把它弄直。擦去多余的润滑油，以免吸附灰尘。

（4）调整变速器失败可能会导致链条脱出，损坏车架并有可能使变速器与后轮搅在一起。

学习活动4 总结与评价

一、应知任务考核标准（满分100分）

（1）什么是变速机构？变速机构分哪两类？（15分）

（2）常用的有级变速机构有哪些？（15分）

（3）什么是换向机构？常用的换向机构有哪些？（15分）

（4）什么是间歇运动？常见的间歇运动机构有哪些？（20分）

（5）棘轮机构有哪几个基本的组成部分？怎样调节棘轮转角的大小？（20分）

（6）内啮合槽轮机构与外啮合槽轮机构相比有何不同？（15分）

二、应会任务考核标准（满分100分）

序号	项目和技术要求	实训记录	配分	得分
1	调整顺序正确		10	
2	调整后变速机构能正常运转		10	
3	熟悉各挡位的正确调整方法		15	
4	正确按顺序调整挡位		15	
5	调整的量一定要正确		15	
6	会正确润滑链条和轴		15	
7	注意限制螺钉的位置		10	
8	团队合作情况		10	

三、教师评价

应知任务评价	应会任务评价

学习任务四　轴系零件的安装与维护

【学习目标】

(1) 能通过了解轴的应用，明确学习任务要求。

(2) 能根据任务要求和实际情况，合理制定工作（学习）计划。

(3) 能正确认识轴系零件的组成和应用。

(4) 能熟练掌握轴系零件的安装。

(5) 能正确理解常用轴系零件的应用。

(6) 能主动获取有效信息、展示工作成果，对学习与工作进行总结反思。

(7) 能与他人合作，进行有效沟通。

【建议课时】

18 课时。

【学习任务描述】

学生在了解减速器中轴系零件的基础上，动手操作减速器，并进行日常保养以及常见故障检修。要求了解车间的环境要素、设备管理要求以及安全操作规程，养成正确穿戴工装和劳动防护用品的良好习惯，学会按照现场管理制度清理场地，归置物品，并按环保要求处理废弃物。

【工作流程与活动】

学习活动1　明确工作任务。

学习活动2　工作前的准备。

学习活动3　现场施工。

学习活动4　总结与评价。

子任务1　齿轮轴的拆装

【学习目标】

(1) 能通过了解轴和轴承的应用，明确学习任务要求。

(2) 能正确认识轴和轴承的组成和应用。

(3) 能熟练掌握齿轮轴和轴承的安装。

(4) 能正确理解常用齿轮轴和轴承的维护。

【建议课时】

10 课时。

【工作情境描述】

减速器的应用特别广泛，因此它的日常维护非常重要。轴是减速器中最基本、最重要的零件之一，它的主要功用是支撑回转零件（如齿轮、带轮等）、传递运动和动力。

学习活动1 明确工作任务

【学习目标】

(1) 能通过了解减速器传动轴的应用，明确学习任务、课时等要求。

(2) 能准确叙述减速器传动轴的组成和各部分之间的联系。

(3) 能准确说出传动轴的用途。

【工作任务】

给学生展示减速器传动轴的相关图片，通过查阅资料使学生了解它的具体应用，引导学生分析它的组成及各组成部分的特点和功能。

学习活动2 工作前的准备

一、工具

扳手、锤子、铜棒等。

二、设备

减速器。

三、材料和资料

减速器使用说明。

学习活动3 现场施工

【学习目标】

(1) 能按要求穿戴好劳动保护用品。

(2) 能严格遵守安全规程。

(3) 能牢记安全注意事项，认识安全警示标志。

(4) 能严格按照操作规程熟练拆装减速器轴。

(5) 能合理维护及保养减速器轴。

一、应知任务

(1) 轴的结构应满足哪些要求？

（2）轴承的功用是什么？

（3）滑动轴承的润滑有什么必要性？

（4）滚动轴承的使用特点是什么？

（5）轴上最常用的轴向定位结构是什么？

（6）滚动轴承的代号由几部分组成？基本代号又分几项内容？基本代号中各部分代号是如何规定的？

（7）减速器轴系零件包括哪些？请罗列出来。

（8）减速器轴系零件各部分之间的关系如何？

（9）减速器轴系零件各部分的作用如何？

二、应会任务

对减速器大齿轮轴（教材图 4 - 6）进行拆装，进一步掌握轴的结构、轴承的结构和组成等知识。

1. 任务准备

（1）减速器大齿轮轴主要由轴、轴承、齿轮、挡油环、垫圈等组成。

（2）更换轴承时，只有在安装的所有准备工作都完成后，才能拆开轴承包装。

（3）使用汽油或苯对轴承进行清洗。

（4）安装球面滚子轴承时，一定要安装正确，以减小两端面间的过量间隙，防止轴承过早磨损。

2. 任务实施

（1）拆装轴承时不能让轴承滚动体承受载荷。

（2）如果是轴承与轴配合，拆装时应当让内圈受力；如果是轴承与孔配合，拆装时应当让外圈受力，如教材图 4 -7 所示。

（3）为了延长轴承的使用寿命，安装时有时会在内圈与外圈之间加装一个防尘盖。

学习活动 4　总结与评价

一、应知任务考核标准（满分 100 分）

（1）轴的结构应满足哪些要求？（10 分）

（2）轴承的功用是什么？（10 分）

（3）滑动轴承的润滑有什么必要性？（10 分）

（4）滚动轴承的使用特点是什么？（10 分）

（5）轴上最常用的轴向定位结构是什么？（10 分）

（6）滚动轴承的代号由几部分组成？基本代号又分几项内容？基本代号中各部分代号是如何规定的？（20 分）

（7）减速器轴系零件包括哪些？请罗列出来。（10 分）

（8）减速器轴系零件各部分之间的关系如何？（10 分）

（9）减速器轴系零件各部分的作用如何？（10 分）

二、应会任务考核标准（满分100分）

序号	项目和技术要求	实训记录	配分	得分
1	拆卸顺序正确		10	
2	拆卸后零件无损坏		10	
3	拆卸后的零件按顺序摆放，保管齐全		15	
4	正确记录零件数目		15	
5	说出零件的名称和作用		15	
6	写出所拆装轴承的型号并加以解释		15	
7	装配顺序正确		10	
8	团队合作情况		10	

三、教师评价

应知任务评价	应会任务评价

子任务2　联轴器的拆装

【学习目标】

（1）能通过了解联轴器的应用，明确学习任务要求。

（2）能正确认识联轴器的组成和应用。

（3）能熟练掌握联轴器的拆装。

（4）能正确理解常用联轴器的维护。

【建议课时】

8课时。

【工作情境描述】

联轴器是机械传动中的常用部件，其功用是连接两传动轴，使其一起转动并传递转矩，用联轴器连接的两传动轴在机器工作时不能分离，只有在机器停止运转后，用拆卸的方法才能将它们分开。

学习活动1　明确工作任务

【学习目标】

(1) 能通过阅读设备维护（保养）记录单，明确学习任务、课时等要求。

(2) 能准确记录工作现场的环境条件。

(3) 能准确识别联轴器的结构并掌握其功能。

(4) 能熟练掌握联轴器的工作过程。

(5) 能正确操作联轴器。

【工作任务】

给学生展示联轴器的相关图片，通过查阅资料使学生了解它的具体应用，引导学生分析它的组成及各组成部分的特点和功能。

学习活动2　工作前的准备

一、工具

呆扳手、活动扳手、梅花扳手等。

二、设备

联轴器。

三、材料和资料

联轴器使用说明。

学习活动3　现　场　施　工

【学习目标】

(1) 能按要求穿戴好劳动保护用品。

(2) 能严格遵守安全规程。

(3) 能牢记安全注意事项，认识安全警示标志。

(4) 能严格按照操作规程熟练操作联轴器。

(5) 能合理维护及保养联轴器。

(6) 能处理联轴器的常见故障。

一、应知任务

(1) 联轴器和离合器的主要功用是什么？两者的根本区别是什么？

（2）按结构特点的不同，联轴器可分为哪两大类？

（3）常用的机械式离合器有哪两种？

（4）制动器是什么样的装置？

（5）按制动零件的结构特征不同，制动器一般分为哪些类型？

二、应会任务

联轴器的拆装：

1. 训练任务

通过对凸缘联轴器（教材图4-8）进行拆装，进一步了解联轴器的结构。

2. 任务准备

（1）工具准备：准备好梅花扳手、呆扳手和活扳手等工具，如教材图4-9所示。

（2）知识准备：熟悉活扳手结构，能正确操作活扳手，如教材图4-10所示。

3. 任务实施

1）联轴器的拆卸

利用扳手拆卸联轴器的螺纹连接件，观察联轴器的结构。具体拆卸步骤如下：

（1）用扳手拧松螺母，在拧松时不要逐个完全拧松，应当一起拧松取出，如教材图4-11所示。

（2）抽出螺栓（教材图4-12），如螺栓较紧可用直径小于孔径的销棒反敲击出，但在敲击时应注意力的大小，不能损坏螺纹。

（3）分开联轴器（教材图4-13），两个半联轴器中一个带有凹槽，一个带有凸肩。

2) 联轴器的装配

（1）装配前先对联轴器进行清洗和清理，主要是对半联轴器的接触面进行清洗和清理，不能有杂物和毛刺。

（2）装配时将凸肩与凹槽进行配合，并注意两键槽的位置，应尽量使两键槽在同一位置。

（3）按装配成组螺母的方法装配螺母和螺栓。成组螺母的旋紧次序如教材图 4 – 14 所示。

学习活动4 总 结 与 评 价

一、应知任务考核标准（满分100分）

（1）联轴器和离合器的主要功用是什么？两者的根本区别是什么？（20分）

（2）按结构特点的不同，联轴器可分为哪两大类？（20分）

（3）常用的机械式离合器有哪两种？（20分）

（4）制动器是什么样的装置？（20分）

（5）按制动零件的结构特征不同，制动器一般分为哪些类型？（20分）

二、应会任务考核标准（满分100分）

序号	项目和技术要求	实训记录	配分	得分
1	正确使用工具、仪器		10	
2	拆卸顺序正确		10	
3	拆卸后零件无损坏		10	
4	拆卸后的零件按顺序摆放，保管齐全		10	
5	说出零件的名称和作用		20	
6	正确组装联轴器		20	
7	装配顺序正确		10	
8	团队合作情况		10	

三、教师评价

应知任务评价	应会任务评价

责任编辑：罗秀全
封面设计：罗针盘

机械基础（含工作页）
JIXIE JICHU (HANGONGZUOYE)

微信

ISBN 978-7-5020-7207-0

9 787502 072070 >

定价：35.00元